JN125874

QC検定2級

細谷克也 編著

稲葉太一　竹士伊知郎
西 敏明　吉田 節　和田法明 著

日科技連

はじめに

厳しい経営環境の中，企業は品質を経営の中核として品質経営を実践し，お客様の視点に立った魅力的な製品・サービスを提供して行かなければならない．ここにおいて，重要な役割を担ってくるのが品質管理である．

“品質管理検定”（“QC 検定” と呼ばれる）は，日本の品質管理の様々な組織・地域への普及，ならびに品質管理そのものの向上・発展に資することを目的に創設された．2005 年 12 月に始められ，全国で年 2 回（3 月と 9 月）の試験が実施されており，品質管理検定センターの資料によると，2019 年 9 月の第 28 回検定試験で，総申込者数が 1,206,895 人，総合格者数が 584,214 人となった．

QC 検定は，組織で働く人に求められる品質管理の能力を 1 級・準 1 級から 4 級まで 4 つの級に分類し，各レベルの能力を発揮するために必要な品質管理の知識を筆記試験により客観的に評価するものである．

受検を希望される方々からの要望に応えて，筆者らは，先に受検テキストや受検問題・解説集として，次の 4 シリーズ・全 16 巻を刊行してきた．

- 『品質管理検定受験対策問題集』（全 4 巻）
- 『QC 検定対応問題・解説集』（全 4 巻）
- 『QC 検定受検テキスト』（全 4 巻）
- 『QC 検定模擬問題集』（全 4 巻）

いずれの書籍も広く活用されており，合格者からは，「非常に役に立った」，「おかげで合格できた」との高い評価を頂戴している．

そんな中，受検生から「受検の申込みをして，意気込んでいざ勉強しようとすると，“あと何カ月もあるから” となかなか机に向かえない．短期間で効率的に集中して勉強できる本がほしい」との強い要望が出された．この声に応えるために，受検直前に短期間で学べるテキストとして，本「直前対策シリーズ」を刊行することとした．

本シリーズの特長として，次の 7 つが挙げられる．

① 短期間で集中的に学ぶことにより，**速効・速戦的に “合格力”** が身に付く．

② **2 色刷り**で**赤シート**が付いているので，これにより，重要項目を集中して効果的・効率的に習得できる．

③ **重要なこと**，**間違いやすいこと**を簡潔に説明している．

④　**過去問をよく研究して**執筆しているので，ポイントやキーワードがしっかり理解できる．

⑤　QC 検定レベル表に記載されている用語は，JIS や(一社)日本品質管理学会の定義などを引用し，**正確に解説**してある．

⑥　受検生の多くが苦手とする **QC 手法**については，紙数を割いて，具体的にわかりやすく解説している．

⑦　QC 手法は，**定義や公式をきちんと示し**，できるだけ例題で解くようにしてあるので，理解しやすい．

筆者らは，(一財)日本科学技術連盟や(一財)日本規格協会のセミナー講師で，自らの教育経験をもとに執筆した．

本シリーズは，2019年11月22日に公表された新レベル表(Ver.20150130.2)に対応している．

本書は，2 級の受検者を対象にしたテキストである．2 級を目指す人々に求められる知識と能力は，一般的な職場で発生する品質に関係した問題の多くを QC 七つ道具および新 QC 七つ道具を含む統計的な手法も活用して，自らが中心となって解決や改善をしていくことができ，品質管理の実践についても，十分理解し，適切な活動ができるレベルである．すなわち，基本的な管理・改善活動を自立的に実施できるレベルである．

各級の試験範囲は，それより下位の級の範囲を含んでいる．よって，2 級受検者は，3 級，4 級の内容も修得する必要がある．紙数の関係から，すべての内容を詳しく記述できないので，足りないところは，前述のテキストや模擬問題集などを併用してほしい．

すでに 3 級については発刊済みであるが，残りの 1 級についても，近く刊行する予定である．

本書が，多くの 2 級合格者の輩出に役立つとともに，企業における人材育成，日本のもの・サービスづくりの強化と日本の国際競争力の向上に結びつくことを期待している．

最後に，本書の出版にあたって，一方ならぬお世話になった㈱日科技連出版社の戸羽節文社長，鈴木兄宏部長，石田新係長に感謝申し上げる．

2020 年　百日紅の咲く頃

速効！　QC 検定編集委員会
委員長・編著者　細谷　克也

赤シートの使い方

1. 赤シートのメリット

赤シートを使うことにより，重要な箇所を効率よく習得できるという利点がある．覚えるべき用語や式などが隠してあるので，覚えたい情報だけをピンポイントで暗記することができる．よって，通勤や通学中のバスや電車などでも勉強でき，試験までの時間を効果的に使うことができる．重要な項目や不得手な項目などポイントを絞って集中して学んでほしい．

2. 赤シートの使い方

知っておくべき・覚えておくべき重要用語・説明文・公式・例題の解答などは，赤字で書いてある．赤シートをかぶせて文章を読んでいくと，隠されて見えない箇所が出てくるので，当てはまる用語などを自分で考えながら読み進んでほしい．その後，赤シートを外して，当てはめた用語などが正しかったかどうかを確認することによって理解を深める．

単なる用語などの暗記だけでなく，しっかりと全体を理解できるように意識しながら勉強することが大切である．特に計算問題は，結果だけを追うのではなく，計算の過程をしっかり理解することが重要である．

間違った箇所は，理解できるまで繰り返し学習してほしい．例題の解答過程やメモなど，余白に赤ペンで記述するとノートを作る必要がなく，便利である．なお，油性のペンでは赤シートで消えないことがあり，水性や消せるボールペンを使うとよい．色はオレンジやピンクでもよい．

2 級受検時の解答の仕方

1．QC 検定の合格率と問題の傾向

2015 年から 2019 年の 2 級の合格率は，年によって変動はあるものの平均 25%程度であり，かなりの難関である．この合格率から体系的な学習と受検対策が必須であるといえる．

問題は全問マークシート方式で，大問が 15 ～ 17 問程度あり，小問の数の合計は 100 問程度となっている．おおむね「**品質管理の手法**」（以下「**手法**」）に関する小問が 50 ～ 60 問，「**品質管理の実践**」（以下「**実践**」）に関する小問が 40 ～ 50 問の出題となっており，現在のところ，この傾向には大きな変化はないと思われる．

「実践」に関する問題については，企業に勤務されて自分の経験のある分野であれば，それほど苦労することなく解答することが可能であろう．しかしながら，出題分野は「**レベル表**」に記載されているすべての分野にわたるので，「実践」分野においても，自分の仕事と直接関係ない分野の学習は不可欠である．

近年の傾向をみると，QC 検定の合否を分けるのは，「手法」分野のできにかかっているといえる．合格ラインとされている総合得点 **70%**を確実に超えるためには，「実践」が得意な方なら，「実践」で 80 ～ 90%を確保し，「手法」では手堅く 60%以上をねらうということになる．

一方，「実践」にあまり自信のない方は，「手法」で 70%を確保し，「実践」では 70 ～ 80%をねらうということになる．

2．受検生がよくつまずくこと

2 級の受検者は若手からエキスパートまで多岐にわたると思われる．「実践」においては，自分の日常業務となじみのうすい分野，例えば「**方針管理**」，「**標準化**」，「**新製品開発**」，「**品質マネジメントシステム**」などの単元については，注意が必要である．基本となる用語の意味をきちんと理解し，実際の場面での業務の進め方も学習しておくことがポイントである．

「手法」では，「**統計的方法の基礎**」，「**検定と推定**」，「**実験計画法**」，「**相関分析・**

回帰分析」は，ほぼ毎回出題されている．「**データの取り方とまとめ方**」，「**新 QC 七つ道具**」，「**管理図**」，「**抜取検査**」，「**信頼性工学**」についても出題されているので，かたよりなくすべての分野の学習が必須である．

本書では，各章のトビラのページに章ごとの学習のねらいを記述している．また章末には，「これができれば合格！」のコラムを設けているので，これらに書かれている用語の意味や統計量などの定義・公式については，繰り返し確実に学習し，おさえるようにしてほしい．

多くの問題で計算が必要であるが，試験では電卓は一般電卓しか使用できないので，日ごろから試験時に使用する電卓を使って学習しておくことも重要である．

3．時間配分の仕方

試験時間は 90 分となっている．したがって小問 100 問として，1 問当たり 1 分以下で解答する必要がある．見直し・点検の時間も必要なので，平均して **1 問を 40 ～ 50 秒**の速度で解答する必要がある．時間に余裕はないと心得るべきである．

最近の出題では，問題前半に「手法」，後半に「実践」の順番となっているが，解答の順は，自分の得意分野を先に解答するのか，後に回すのか事前に決めておくとよい．

まずは一通りの解答を **「実践」で 20 ～ 30 分，「手法」で 40 ～ 50 分**くらいを目安にするとよい．一通りとは，わからない問題はとばすということが前提である．わからない，あるいは時間がかかりそうな問題にこだわって，時間を浪費することはさけたい．残った時間で，必ず見直しを行い，マークミスの有無や必要事項の記入漏れなどを確認して，わかっている問題を取りこぼすことがないようにすることも必須である．

マークシート方式の試験では，問題用紙に解答を記入しておいて，最後に答案用紙にマークをする方もいるが，マークミスや時間切れの懸念もあり，時間に余裕のない試験ではあまりおすすめできない．確実に，一問一問**その都度マークする**ことを推奨する．

ただ、見直しや試験後に自己採点を行うためには，**問題用紙に解答をメモ**しておくことも忘れてはならない．問題用紙は持ち帰りが可能である．

4. うまい解答方法

最初の一通りの解答で，60 ～ 70 分をめどに，以下の①～③を行うとよい.

① まず，**自信のある問題**は，**確実に**解答する.

② やや自信のない問題も，**とりあえず解答**をしておく.

③ **まったくわからない問題はとばす**．これは特に「手法」で，1 つの大問の後のほうの小問に多いと思われる.

残りの時間で，①については，マークの確認のみ行う．②は再度考えて必要なら解答を修正する．③は残った時間で取り組むが，時計をにらみながら，最後は「推理や勘」でマークし，**未解答はさける**こと.

時間は限られている．ミスなく，取れるところで確実に得点を稼げれば，必ずや合格に近づく.

なお，QC 検定の詳細およびレベル表(Ver.20150130.2)については，（一財）日本規格協会ホームページ“QC 検定”を参照のこと．また，各種数値表については，『新編 日科技連数値表—第 2 版』（森口繁一，日科技連数値表委員会編，日科技連出版社，2009 年)などを参照のこと.

速効！ QC検定2級——目次

第1章

データの取り方とまとめ方

品質管理では事実に基づく管理が重要であり，そのためには母集団から適切なサンプリングを行い，得られたデータを正しく統計的に処理することが必要である．

本章では，“データの取り方とまとめ方”について学び，下記のことができるようにしておいてほしい．

- データの種類の説明
- 母集団とサンプルの意味と説明
- 基本統計量の意味の説明と計算
- 工程能力指数の意味の説明と計算およびその評価方法の説明
- 各種サンプリング法の実施方法とその性質の説明

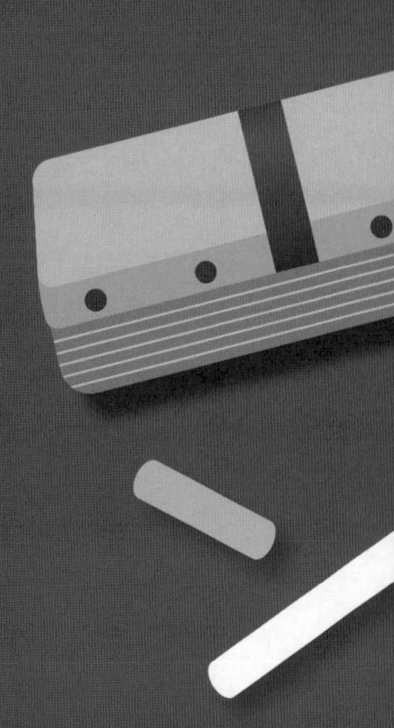

01-01 母集団とサンプル

重要度 ●●●
難易度 ■■□

1．データの種類

数値データの代表的なものが計量値と計数値である．

(1) 計量値

計量値は，**はかること**によって得られるデータで，**連続的**な値をとる．

重量，長さ，温度，時間，電流，電圧などの他，収率，有効成分の含有率，金額なども計量値である．また，一般に，比率のデータである収率や含有率などのように，分母，分子の双方またはいずれか一方が**計量値**の場合は**計量値**として扱う．ただし，$\frac{\textbf{計数値}}{\textbf{計量値}}$は，**計数値**として扱うことが多い．

(2) 計数値

計数値は，**数えること**によって得られるデータで，**離散的**であり**不連続**な値をとる．不適合品数(不良品数)，不適合数(欠点数)が代表的なもので，不適合品率(不良率)，単位面積当たりの不適合数(欠点数)も計数値である．一般に，不適合品率のような比率のデータでは，分母，分子がともに**計数値**ならば**計数値**として扱う．

計量値，計数値のほか，以下の(3)分類データや(4)順位データも数値データの一種である．

(3) 分類データ

分類したクラス間に順序や大小関係がない場合，そのデータを**純分類データ**と呼ぶ．また，分類のクラス間で順序関係が定義されるデータを**順序分類データ**といい，製品を検査し1級品，2級品，3級品に分類する場合などである．

(4) 順位データ

1位，2位，…などのように順序によって測定したデータを，**順位データ**と呼ぶ．

一般に計量値のデータは，計数値などのデータに比べて情報量が多い．しかしながら，測定に手間や時間を要するので，目的に応じて取得するデータの種類を選択する必要がある．

数値データのほか，数値化できない言語情報を**言語データ**という．言語データを扱う手法としては新 QC 七つ道具がある.

データの種類によって，統計的方法の適用の方法が変わるので，これらの区別は重要である.

2. 母集団とサンプル

サンプルをとって特性を測定しデータを得る目的は，サンプルに対して処置をするだけではなく，その背後にある母集団に関する情報を得て，処置を行うことにある.

母集団とは，処置を行おうとする対象の集団であり，そのために母集団に関する情報を得ようとする目的をもって採取したものを**サンプル**と呼ぶ．サンプルは，**標本**や**試料**とも呼ぶ.

また，サンプルを採取することを**サンプリング**という.

工程管理のように処置の対象が工程である場合は，母集団を構成するものの数が無限であると考えられるので，**無限母集団**という．一方，ロットの合否を，抜取検査で判断するような場合は，処置の対象がロットという母集団であり，それを構成するものの数が有限であるので，**有限母集団**という.

母集団とサンプルの関係を図 1.1 に示す.

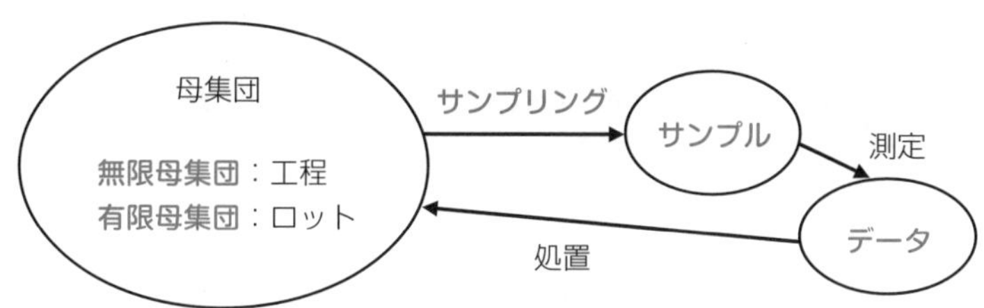

図 1.1　母集団とサンプルの関係

3. 基本統計量

サンプルからデータをまとめる際に，それを数量的に表すことによって，客観的な判断，比較，推定などが可能となる．このような数量的な値を**統計量**といい，その中で基本的なものを**基本統計量**という.

データはばらつきをもっている．このようにばらついた状態のことを「データが**分布**をもっている」という．すなわち，**分布**の様子を知ることでデータからの情報を得ることができる.

分布の様子を数量的に表すには，分布の中心がどこにあるのか，分布のばらつきがどの程度なのかを知る必要があり，それぞれ基本統計量がある．

(1) 分布の中心を表す基本統計量

① 平均値 $\bar{x}$

最も基本的な統計量で，**算術平均**ともいう．

$$\text{平均値 } \bar{x} = \frac{(\text{データの和})}{(\text{データ数})} = \frac{x_1 + x_2 + \cdots + x_n}{n} = \frac{\sum x_i}{n}$$

平均値は通常データ数 n が 20 個くらいまでなら測定値の 1 桁下まで求め，20 個以上の場合は 2 桁下まで求めることが多い．

② メディアン(中央値) $\tilde{x}$

データを**大きさ**の順に並べたときの**中央の値**

データの数が奇数個のときは中央の値とし，偶数個のときは中央の 2 つの値の平均値とする．一般的に，メディアンは平均値に比べ推定精度は劣るが，計算が簡便であることと，データに**異常値(外れ値)**がある場合に，その影響を受けずに分布の中心を知ることができるという利点がある．

③ モード(最頻値)

データの中で**最も頻繁に出現する値**

連続分布の場合は，ヒストグラムを作成し，最も頻度の高い区間の中央値，すなわちヒストグラムのピークの値をモードとする．

(2) 分布のばらつきを表す基本統計量

① 平方和 S

データのばらつき具合を見るには，まずは，各データ x_i と平均値 $\bar{x}$ との差に注目すればよい．この差 $(x_i - \bar{x})$ を**偏差**と呼ぶ．ただし，**偏差**の総和の値は，常に **0** になってしまうので，ばらつきの尺度にはならない．

そこで，偏差を 2 乗(平方)したものの和を**平方和** S として，

$$\text{平方和 } S = \left[\{(\text{各データの値}) - (\text{平均値})\}^2 \text{ の和} \right]$$
$$= (x_1 - \bar{x})^2 + (x_2 - \bar{x})^2 + \cdots + (x_n - \bar{x})^2 = \sum (x_i - \bar{x})^2$$

を用いる．また，この式を変形すると，

$$S=\sum(x_i-\bar{x})^2=\sum x_i^2-2\sum x_i\cdot\bar{x}+\sum\bar{x}^2=\sum x_i^2-2\bar{x}\sum x_i+\bar{x}^2\sum 1$$

$$=\sum x_i^2-2\frac{\sum x_i}{n}\cdot\sum x_i+n\left(\frac{\sum x_i}{n}\right)^2=\sum x_i^2-\frac{(\sum x_i)^2}{n}$$

となるので，

$$\textbf{平方和}\ S=\{(\text{各データの値})^2\text{の和}\}-\frac{(\text{データの和})^2}{(\text{データ数})}=\sum x_i^2-\frac{\left(\sum x_i\right)^2}{n}$$

と求めることもできる．

注）**平方和**は**偏差平方和**と呼ばれることもあるが，本書では**平方和**と表記する．

② **分散** V

平方和 S は，データのばらつきを表す統計量であるが，データ数が大きくなると S の値も大きくなってしまう．そこで，データ数の影響を受けない統計量として，

$$\textbf{分散}\ V=\frac{(\text{平方和})}{(\text{データ数})-1}=\frac{S}{n-1}=\frac{\sum(x_i-\bar{x})^2}{n-1}=\frac{\sum x_i^2-\frac{\left(\sum x_i\right)^2}{n}}{n-1}$$

を用いる．

注 1）なぜ n ではなく $(n-1)$ で割るのかについて説明する．仮にデータが 1 つしかない状況を考える．データが 1 つではばらつきを評価しようがない．しかし，データがもう 1 つ加わればばらつきを評価できる．データが 2 つあってはじめて，ばらつきを評価する情報が 1 つ分できる．データ 3 つで 2 つ，データ n 個では $(n-1)$ 個である．これを**自由度**という．

注 2）**分散**は**不偏分散**と呼ばれることもあるが，本書では**分散**と表記する．

注 3）V は，1 文字で統計量である**分散**を表す．確率変数 X の分散を表す $V(X)$ の V とは，異なることに注意する．

③ **標準偏差** s **または** $\sqrt{V}$

平方和も分散も元のデータの 2 乗の形になっているので，分散 V の平方根をとり，元のデータの単位に戻す．このとき，

標準偏差 s =(**分散の平方根**) $=\sqrt{V}=\sqrt{\dfrac{S}{n-1}}$

$$=\sqrt{\frac{\sum(x_i-\bar{x})^2}{n-1}}=\sqrt{\frac{\sum x_i^2-\frac{\left(\sum x_i\right)^2}{n}}{n-1}}$$

④　**範囲** R

1 組のデータの中の最大値と最小値の差を**範囲** R と呼び，

範囲 R =(**最大値**)−(**最小値**) $= x_{max} - x_{min}$

と求める．

範囲はデータ数が多くなってくると，標準偏差に比べてばらつきの尺度としての推定精度が悪くなる．したがって，一般に，データ数が 10 以下のときに用いられる．

⑤　**四分位数**

四分位数は分布の **25%点**，**75%点**のことで，それぞれ第 1 四分位数および第 3 四分位数と呼ぶ．

前述の**メディアン**(**中央値**)は 50%点，第 2 四分位数でもある．

第 3 四分位数と第 1 四分位数の間に 50%のデータが入ることになるので，

四分位範囲=(**第 3 四分位数**) —(**第 1 四分位数**)
は，ばらつきの尺度として用いられる．

四分位数，四分位範囲はデータに**異常値**(**外れ値**)がある場合に，その影響を受けずに分布のばらつきを知ることができるという利点がある．

四分位数は以下のように求める．

1)　n 個のデータがあるとき，$(n+1)$を 2 で割り，その値が整数ならばそれを m とし，(整数+ 0.5)のときは整数部を m とする．さらに，$(m+1)$を 2 で割った値を k とする．

2)　データを大きさの順に小さなものから並べる．

3)　小さいものから k 番目のデータが第 1 四分位数，大きいものから k 番目のデータが第３四分位数となる．ただし，kが(整数＋0.5)のときは，その前後の順番のデータの平均値とする．

注1）　四分位数は，四分位値または四分位点とも呼ばれる．四分位範囲は，四分位差とも呼ばれる．

注2）　四分位数の求め方は上述のもの以外にも複数ある．本書の方法は『クォリティマネジメント用語辞典』[23)]の方法によった．

⑥　**変動係数 CV**

標準偏差と平均値の比を**変動係数 CV** といい，

$$\text{変動係数 } CV = \frac{(\text{標準偏差})}{(\text{平均値})} \times 100 = \frac{s}{\bar{x}} \times 100 \quad (\%)$$

と求める．通常，パーセントで表す．平均値に対するばらつきの相対的な大きさを表すのに用いる．ばらつきの程度が同じでも，平均値が小さければ，相対的に大きく変動していると考える指標になる．

例題 1.1

下記の15個のデータについて，モード，第１四分位数，第３四分位数，四分位範囲を求めよ．

9，10，10，10，12，15，26，26，
26，26，33，33，35，40，42

【解答 1.1】

①　モード(最頻値)

データの数が最も多い(**4**個) **26**がモードである．

②　第１四分位数，第３四分位数，四分位範囲

$n = 15$ なので，

$$\frac{n+1}{2} = \frac{15+1}{2} = 8,\ m = 8$$

となり，

$$\frac{m+1}{2} = \frac{8+1}{2} = 4.5,\ k = 4.5$$

となる．

小さいものから**4**番目と**5**番目のデータの平均値が第1四分位数となるので，

$$第1四分位数 = \frac{\mathbf{10 + 12}}{\mathbf{2}} = \mathbf{11.0}$$

となる．また，大きいものから4番目と5番目のデータの平均値が第3四分位数となるので，

$$第3四分位数 = \frac{\mathbf{33 + 33}}{\mathbf{2}} = \mathbf{33.0}$$

となる．また，四分位範囲は，

四分位範囲＝(**第3四分位数**)－(**第1四分位数**)

$= \mathbf{33.0 - 11.0 = 22.0}$

となる．

(3) 工程能力指数

工程のもつ製品の質的能力を**工程能力**という．工程能力を把握する方法として，工程のばらつきの大きさの製品規格の幅に対する関係を表す**工程能力指数** C_p が用いられる．

① 工程能力指数の求め方

1) 両側規格の場合(図1.2(a))

両側規格の場合の工程能力指数 C_p

$$=\{(\text{規格の上限値})-(\text{規格の下限値})\} / \{6 \times (\text{標準偏差})\} = \frac{S_U - S_L}{6s}$$

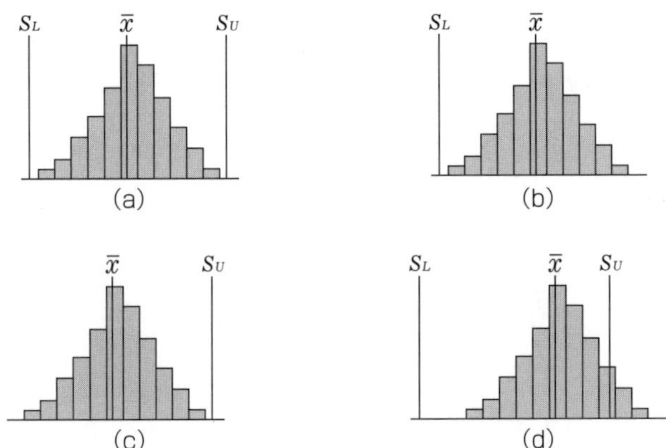

図1.2 工程能力指数の考え方

2)　片側規格の場合

規格が片側にしかない場合は，平均値に対し規格のある側で求めればよい.

下限規格のみの場合の工程能力指数 C_p (図 1.2(b))

$$= \{(\textbf{平均値}) - (\textbf{規格の下限値})\} \,/\, \{3 \times (\textbf{標準偏差})\} = \frac{\bar{x} - S_L}{3s}$$

上限規格のみの場合の工程能力指数 C_p (図 1.2(c))

$$= \{(\textbf{規格の上限値}) - (\textbf{平均値})\} \,/\, \{3 \times (\textbf{標準偏差})\} = \frac{S_U - \bar{x}}{3s}$$

3)　両側規格で分布のかたよりを考慮した場合(図 1.2(d))

工程の平均値が簡単に調整できないような場合は，両側規格であっても工程のばらつきだけで工程能力を評価するのは適当とはいえない．このような場合は，工程平均の位置と規格の中心の位置のずれ，すなわち，かたよりを考慮する必要がある．かたよりを考慮した工程能力指数 C_{pk} は次の式で求める.

かたよりを考慮した工程能力指数 C_{pk}

$$= \{(\textbf{平均値}) - (\textbf{規格の下限値})\} \,/\, \{3 \times (\textbf{標準偏差})\} = \frac{\bar{x} - S_L}{3s}$$

または，

$$\{(\textbf{規格の上限値} - \textbf{平均値})\} \,/\, \{3 \times (\textbf{標準偏差})\} = \frac{S_U - \bar{x}}{3s}$$

の**小さいほう**の値となる.

なお，C_{pk} は必ず C_p と**等しいか**，C_p より**小さい値**をとる.

②　工程能力指数の解釈

工程能力指数の値に応じて，一般に表 1.1 のような解釈を行い，それに応じた処置を検討する.

表 1.1　工程能力指数の解釈と処置

工程能力指数	解　釈	処　置
$C_p > 1.67$	場合によっては，工程能力は十分すぎる	品質のばらつきが少し大きくなっても問題ないので，管理の簡素化やコスト低減に注力する．
$1.67 \geqq C_p > 1.33$	工程能力は十分にある	理想的な状態なので維持する．
$1.33 \geqq C_p > 1.00$	まずまずの工程能力	工程管理をしっかり行い，管理状態を保つ．C_p が 1 に近づくと不適合品発生のおそれがあるので，必要に応じて処置をとる．
$1.00 \geqq C_p > 0.67$	工程能力は不足している	工程の改善を必要とする．不適合品を検査で取り除く必要がある．
$0.67 \geqq C_p$	工程能力は非常に不足しており，規格を満足しない	緊急に品質の改善対策を必要とする．規格の再検討を要する．

本章では，工程能力指数 C_p を統計量として扱ったが，これを母数として扱うこともある．この場合，$C_p = \dfrac{S_U - S_L}{6\sigma}$ と考える．

しかしながら，一般に母分散 σ は未知であるので，母分散 σ の推定値として標準偏差 s で置き換えることになる．標準偏差 s を求める際には，安定した工程から多くのデータを用いて計算すべきであり，それができない場合には統計量としての工程能力指数の区間推定を行い，その信頼下限を用いて解釈を行うこともある．

工程が安定している場合，$\overline{X} - R$ 管理図から求めた $\overline{R}$ を用いて，

$$\hat{\sigma} = \frac{\overline{R}}{d_2} \quad (d_2 \text{ は，管理図係数表(表 5.2，p.83)から求められる})$$

と推定することができる．

01-02 サンプリングの種類と性質

重要度 ●●●
難易度 ■■□

1. ランダムサンプリング

サンプルを採取する場合には，その母集団を代表するサンプルをとるようにしなければならない．通常は，**ランダムサンプリング**という方法が用いられる．

ランダムサンプリングとは，母集団を構成するものが，すべて**同じ確率**でサンプルとなるようサンプリングすることである．

【(単純)ランダムサンプリングの例】

部品 200 個詰めの箱を 300 箱製造している工程において，すべての部品 60,000 個からランダムに 600 個サンプリングして調査する．

実務の場面では，このような単純ランダムサンプリングは実施が困難な場合がある．このため，2 段サンプリング，層別サンプリング，集落サンプリング，系統サンプリングなどのサンプリング法が用意されている．

2. 2 段サンプリング

2 段サンプリングとは，「サンプリングを 2 段階に分けて行うもので，母集団が **1 次単位**に分かれているときに，**1 次単位**をランダムサンプリングし，次に得られた **1 次単位**のそれぞれから **2 次単位**をランダムサンプリングし，調査する方法」である．

【2 段サンプリングの例】

部品 200 個詰めの箱を 300 箱製造している工程において，**1 次単位**である箱をランダムに 30 箱サンプリングし，さらにそれぞれの箱から **2 次単位**である部品をランダムに 20 個サンプリングして，合計 600 個の部品を調査する．

3. 層別サンプリング

層別サンプリングとは，「母集団が，複数の異質な部分により構成されているとき，その母集団をそのような部分ごとに**層別**(**1 次単位**)し，**各層**(**1 次単位**)から **2 次単位**をランダムサンプリングし，調査する方法」である．

【層別サンプリングの例】

部品 200 個詰めの箱を 300 箱製造している工程において，**1 次単位**である箱の**すべて**，300 箱のそれぞれの箱から **2 次単位**である部品をランダムに 2 個サンプリングして，合計 600 個の部品を調査する．

層別サンプリングでは層内(1 次単位内)が**均一**になるようにすれば精度がよくなる．

4. 集落サンプリング

集落サンプリングとは，「母集団が **1 次単位**に分かれているときに，**1 次単位**をランダムサンプリングし，選ばれた **1 次単位**に含まれる **2 次単位**をすべて調査する方法」である．

【集落サンプリングの例】

部品 200 個詰めの箱を 300 箱製造している工程において，**1 次単位**である箱を**ランダム**に 3 箱サンプリングし，さらにそれぞれの箱から **2 次単位**である部品**すべて** 200 個をサンプリングして，合計 600 個の部品を調査する．

1 次単位が集落にあたる．集落サンプリングはいくつかの集落を代表として調査するため，集落が互いに似ているほど，精度がよくなる．

5. 系統サンプリング

系統サンプリングとは，「生産順など順に並んだ品物を**一定間隔ごと**にサンプリングする方法」である．

【系統サンプリングの例】

部品 60,000 個を製造している工程において，製造 100 個ごとにサンプリングして，合計 600 個の部品を調査する．

系統サンプリングは，実施が容易であるが，サンプルの**ランダム性**を確保するためには，最初の 1 個は**ランダムに**選ぶことが必要である．また，**サンプリング間隔**も母集団の特性が変化する周期と一致することのないよう設定することが重要である．

これができれば合格！

- データの種類の理解
- 母集団とサンプルの関係の理解
- 基本統計量の意味の理解と計算
- 各種サンプリング法の性質の理解

第2章

新 QC 七つ道具

品質管理では，“数値データ”だけでなく“言語データ”を用いて解析することも必要である．“言語データ”を扱うために“新 QC 七つ道具”が有用であるので，これを理解し，活用することが重要である．

本章では，“新 QC 七つ道具”について学び，下記のことができるようにしてほしい．

- 親和図法，連関図法，系統図法，マトリックス図法の内容，活用方法，留意点についての説明

新 QC 七つ道具には，他にアローダイアグラム法，PDPC 法，マトリックスデータ解析法があるが，これらは 1 級の範囲なので，定義を理解しておくこと．

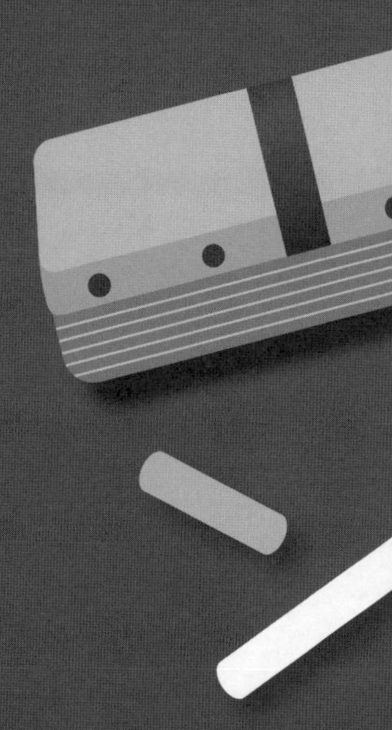

02-01 親和図法

重要度 ●●●
難易度 ■□□

1. 親和図法とは

親和図は，「混沌とした問題について，事実，意見，発想を言語データでとらえ，それらの相互の**親和性**によって統合して解決すべき問題を明確に表した図」(JIS Q 9024：2003)である[12)].

親和図法は，問題が**錯そう(綜)**していて，いかに取り組むかについて混乱している場合に，多数の事実および発想などの項目間の**類似性**を整理し，あるべき姿および問題の構造を明らかにする際に用いられる(図2.1).

個々の発想または項目の**類似したものを統合**し，最もよく要約または統合した共通の表題の下にまとめていくことによって，多数の項目を，**少数の関連グループ**に整理することができる[12)].

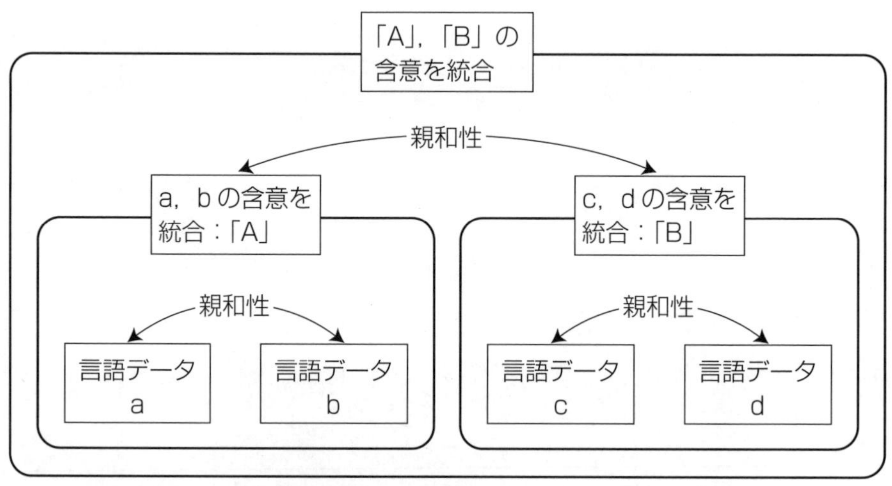

出典) 神田範明，二見良治(2012年)：「品質管理セミナー・ベーシックコース・テキスト 第16章 新QC七つ道具」，日本科学技術連盟，2019年

図2.1 親和図法の概念

2. 親和図法の活用方法

親和図法には以下のような活用方法[27)]がある.

- 事実認識：未知の分野，未経験の分野で，混沌としている事実を１つひとつの事実をつかみ，それがどのような体系をもっているのかを知る.
- 思想構築：未知，未経験の分野で，ゼロから出発して，自分なりの考え方，思想をまとめる.
- 現状打破：従来の経験に基づく既成概念を打破し，新しい考え方をまとめる.
- 換骨奪胎：あるテーマについて，先人が築きあげた思想体系や理論体系をふまえて自分なりの思想体系や理論体系をまとめる.
- 参画組織：異質の人間が集まって，お互いに理解し合って，参画型のチームワークをつくる.
- 方針徹底：管理者が自らの理念，方針を部下に徹底するのに利用する.

親和図法を適用する代表例として，以下のようなものがある.

- TQM 活動における企業の体質的な問題の抽出
- 新商品企画チームにおける失敗の再発防止
- QC サークルにおける職場の重点課題の設定
- QC サークルリーダーの運営方針の策定
- 魅力的な新商品の企画
- 職場の重点課題の選定
- 来年度の目標の策定

3. 親和図法の留意点[25)]

① 言語データは，「主語＋述語」で表現する.

② 親和カードを作成する場合，親和性があるものを選び論理的に考えない.

③ キーワードの寄せ集めによる親和カードを作成しない.

④ ２～３枚の言語データがもつ内容をもらすことなく，しかも，それぞれの言語データがもつ香りを残したままで，親和カードを作る.

⑤ 親和カードは，「主語＋述語」の文章にするという基本を守る.

第2章 新QC七つ道具

02-02 連関図法

重要度 ●●●
難易度 ■□□

1. 連関図法とは

連関図は，「複雑な原因の**絡み合う**問題について，その因果関係を**論理的**につないだ図」(JIS Q 9024：2003)である[12].

連関図法は，問題の**因果関係**を解明し，解決の糸口を見出すことに使用する(図2.2)．連関図を使用するには，原因を抽出し，さらに，その原因を抽出することを繰り返し，**因果関係**を**一覧**できるように図示する[12].

親和図法は**情念**で図をまとめていくのに対し，連関図法は要因間の因果関係を**論理的**に矢印で接続し，しかも全体的な見地から重要要因・項目を絞り込んでいく手法であり，この点が大いに異なるところである[27].

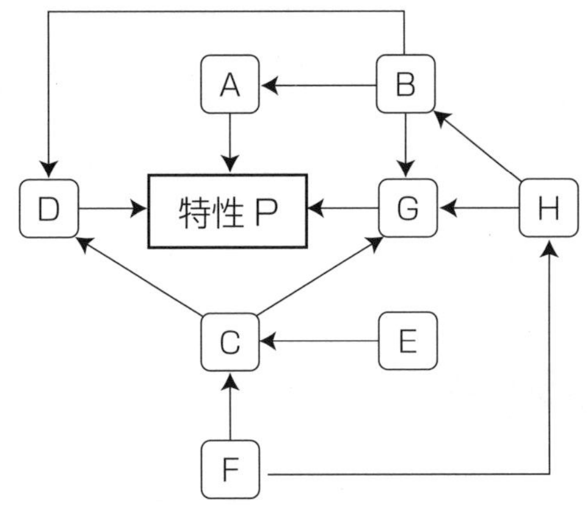

出典)　神田範明，二見良治(2012 年)：「品質管理セミナー・ベーシックコース・テキスト　第 16 章　新 QC 七つ道具」，日本科学技術連盟，2019 年

図 2.2　連関図法の概念

2. 連関図法の活用方法

連関図法には以下のような活用方法[27]がある.

- 要因が複雑に関係する問題を整理する.

- 計画段階から広い視野で問題を見渡す.
- 重点項目を的確にとらえる.
- メンバーのコンセンサスを得る.
- 型にとらわれず自由に表現でき，問題と要因がうまく結びつけられる.
- 枠にとらわれず，発想の転換や展開に役立つ.
- 先入観の打破に役立てる.

連関図法について，品質管理活動を中心とした分野に限定し，実際に適用効果のあった主な領域を示す.

- TQM 活動の推進
- 会社方針の展開
- 製造工程の不良対策
- 小集団活動の推進，展開
- 市場クレーム対策
- 業務改善

3. 連関図法の留意点[25)]

① 原因追究を行うとき，自分たちの責任に起因する原因(「自分たちが対処できる原因」という)によって展開する.

② 連関図でループが発生したとき，解決するために，ループを断ち切る「手段」を発想する.

③ 1次原因に対する2次原因と3次原因の間，あるいは異なる1次原因に対する2次原因と3次原因の間に，「原因→結果」の関係がない場合には，連関図よりも特性要因図を用いるほうがよい.

④ 重要原因を投票で選定しない．論理的に考えないと間違えることがある．連関図を作成するプロセスで重要原因が発見される，あるいは，「なるほど，これだ」と気づきを得ることである.

⑤ 矢線の出入りが多いデータシートは，重要要因となる可能性があるので，よくチェックしたほうがよい.

02-03 系統図法

重要度 ●●●
難易度 ■□□

1．系統図法とは

系統図は，「目的を設定し，この目的に到達する手段を**系統的に展開**した図」(JIS Q 9024：2003)である[12]．

系統図法は，問題に影響している要因間の関係を整理し，目的を果たす最適手段を系統的に追求するために使用する(図 2.3)．系統図法とは，目的を達成するための手段の体系を枝分れ構造で書くもので，論理的に明確になり，抜け落ちがなくなる．後述のマトリックス図と組み合わせて，問題解決の手段のウェート付けに使うこともある[10]．

系統図は大きく分けて，対象を構成している要素を目的－手段の関係に展開する「**構成要素展開型**」と問題の解決や目的・目標を果たすための手段・方策を系統的に展開していく「**方策展開型**」の2種類がある[27]．

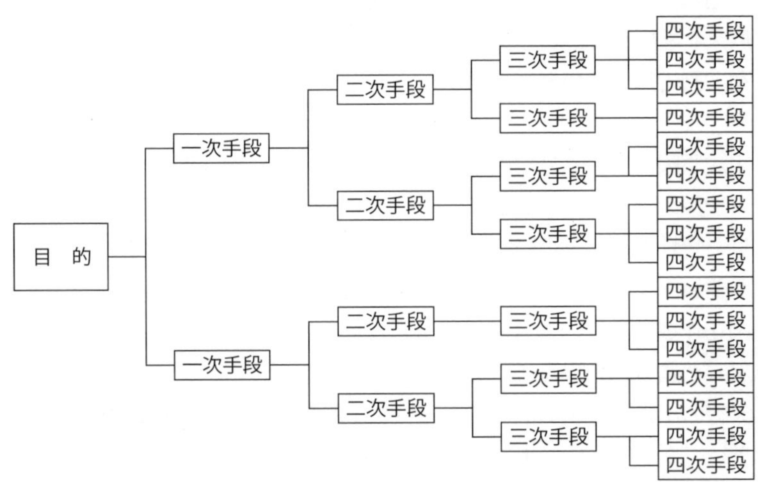

出典） 神田範明，二見良治(2012年)：「品質管理セミナー・ベーシックコース・テキスト 第16章 新QC七つ道具」，日本科学技術連盟，2019年

図 2.3 系統図法の概念

2. 系統図の活用方法

系統図法は，品質管理活動における管理の重点の明確化や改善の効果的な手段・方策の抽出・展開などに有効な方法であるばかりでなく，企業人に不可欠の目的－手段の思考訓練にも大いに役立つ．日常業務を遂行していく過程で，目的と手段を明確にすることの困難さを軽減してくれる[27)]．

系統図法は次のような場面で有効である．

- 問題・課題を解決するための実施可能な方策の策定
- 各部署，各担当者が実施すべき事項の明示
- お客様満足度の獲得
- 年度方針の策定

3. 系統図の留意点

① 系統図で，末端の手段として多数のアイデアが発想される．しかし，これらのすべてを実施することは不可能であるため．最適な手段を選択しなければならない．マトリックス図を併用して「効果」，「実現性」，「経済性」などを評価尺度として，最適手段を選択する[25)]．

② ある程度の大きさの系統図ができれば，右から左に「これらの方策でこの目的が達成できるか」の質問を繰り返し，方策の抜けや矛盾をチェックする．

③ 手段の展開は具体的に実行できる段階まで行う．また，方策(目的)に対応する低次の方策が 1 つだけというのはよい展開とはいえない．「逐次 2 項目展開」を心がける．

02-04 マトリックス図法

重要度 ●●●
難易度 ■□□

1. マトリックス図法とは

マトリックス図は,「**行**に属する要素と**列**に属する要素によって**二元的配置**にした図」(JIS Q 9024:2003)である[12).

マトリックス図法は,**多元的思考**によって問題点を明確にしていくために使用する(図 2.4).特に**二元的配置**の中から,問題の所在または形態を探索したり,二元的関係の中から問題解決への着想を得たりする.また,要因と結果,要因と他の要因など,**複数の要素間の関係**を整理するために使用する[12).

マトリックス図の型には,**L 型**,**T 型**,**Y 型**,**X 型**,**C 型**がある.

品質特性 要求品質										
		特性1	特性2	特性3	特性4	特性5	特性6	特性7	特性8	特性9
	要求 1		○	○		◎				
	要求 2	○	◎						△	
	要求 3		○	△			◎			
	要求 4			◎	○	◎		◎		
	要求 5		◎				△		○	
	要求 6		◎							
	要求 7						△			
	要求 8				◎					△
	要求 9		◎		○				○	

出典) 神田範明,二見良治(2012 年):「品質管理セミナー・ベーシックコース・テキスト 第 16 章 新 QC 七つ道具」,日本科学技術連盟,2019 年

図 2.4 L 型マトリックス図による品質表

2. マトリックス図法の活用方法

マトリックス図法には以下のような活用方法[27)]がある.

- 新製品や製品改良の着眼点を見出す.
- 一つの代用特性がいくつもの要求品質に対応し，線が交錯し複雑になったものを明確にする.
- 製品の保証すべき品質特性とその管理機能との関連を明確にして，品質保証体制を確実なものにする.
- 製品の保証する品質特性－試験・測定項目－試験・測定機器の関連を明確にして，品質保証体制の強化や効率化をはかる.
- 複数の不良現象に対して，それらに共通している原因がいくつもある場合に，不良現象とその原因のお互いの関連を明確にして，複数の不良現象を一網打尽に退治する.

マトリックス図法とは，問題を構成している要素間の関係を多次元的に施行する図的思考法であるため，その適用領域は極めて広い.

- QA 表と QC 工程表の関連性検証[27)]
- テーマ選定表としての活用[25)]

3. マトリックス図法の留意点[25)]

系統図とマトリックス図の組合せでの最適手段の選定では，次の点に留意する.

最適手段の選定では，「効果」,「実現性」,「経済性」などの評価点（5 点，3点，1 点）の和で総合評価点を求め，高得点になったものから優先して対策にとりかかる. ここで,「実現性」や「経済性」の評価が低いため実施しない場合がある. この場合，安易に評価しないで，もっと創意工夫し,「実現性」や「経済性」の評価を検討することも大切である.

これができれば合格！

- 親和図法，連関図法，系統図法，マトリックス図法の理解とその作成方法と留意点の理解

第3章

統計的方法の基礎

品質管理では，サンプルから統計的方法を用いて母集団を推測する．検定・推定，実験計画法，回帰分析などの統計的手法を適用するうえで統計的方法の基礎を理解する必要がある．

本章では“統計的方法の基礎”について学び，下記のことができるようにしてほしい．

- 期待値，分散，共分散の性質の説明
- 正規分布，二項分布，ポアソン分布とその確率の説明
- 正規分布，t 分布，平方和の分布（χ^2 分布），分散の比の分布（F 分布）の理解と確率の計算の説明
- 大数の法則，中心極限定理の説明

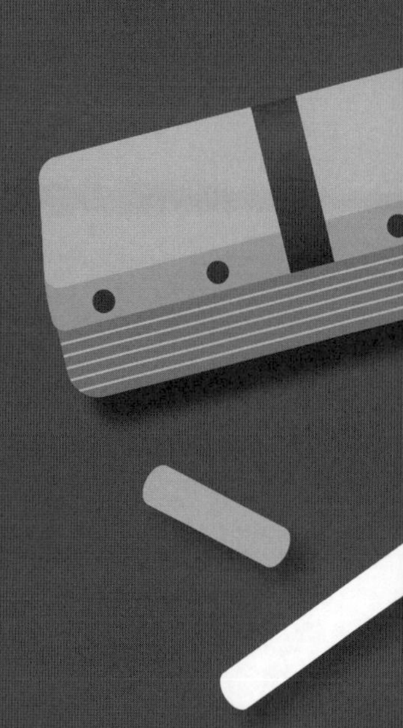

03-01 期待値と分散

重要度 ●●●
難易度 ■■■

1. 期待値とは [19)]

分布の特徴を示す量として，確率分布の中心を示す**期待値**(平均)がある．

一般に，確率変数 X の期待値(平均)を $E(X)$ と表す．

品質特性が計数値で表せるような離散型確率変数に対して，

$$E(X)=\sum x_i\,Pr(X=x_i)$$

品質特性が計量値で表せるような連続型確率変数に対して，

$$E(X)=\int xf(x)\,dx$$

一般に $E(X)=\mu$（ミューと読む）であれば，確率変数 X はほぼ μ を中心に分布している．確率分布とその平均 μ との関係を図示すると，図 3.1 のようになる．

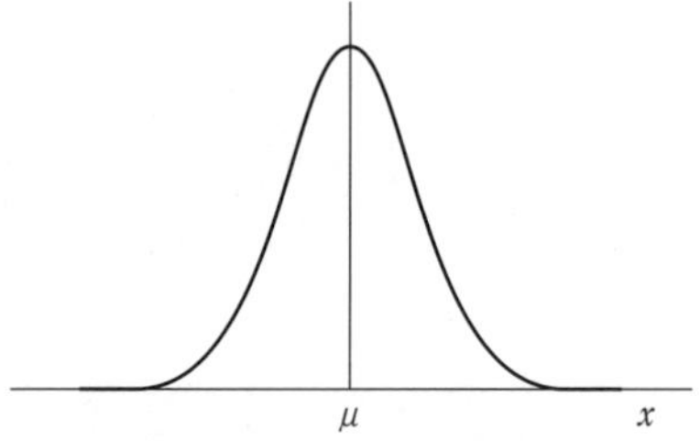

図 3.1 確率分布とその平均

2. 期待値の性質

期待値である平均 $E(X)$ は，次に示す性質がある．

① $E(aX)=aE(X)$

② $E(aX+C)=aE(X)+C$ （C：定数）

③ $E(a_1X_1+a_2X_2+\cdots+a_nX_n)=a_1E(X_1)+a_2E(X_2)+\cdots+a_nE(X_n)$

③から，

$$E(X_1+X_2)=E(X_1)+E(X_2)$$

$$E(X_1-X_2)=E(X_1)-E(X_2)$$

となることに注意すること．

例題 3.1

X, X_1, X_2 が確率変数であるとき，以下を求めよ.

【解答 3.1】

① $E(2X+5)=\mathbf{2}E(X)+\mathbf{5}$

② $E(2X_1+3X_2)=\mathbf{2}E(X_1)+\mathbf{3}E(X_2)$

3．分散・共分散とは [19), 20)]

平均(期待値) μ が等しくても分布の広がり方はいろいろになる．そこで，度数分布と同じように，確率分布の広がり方(ばらつき)を表す量として，分布の中心である平均 μ からのズレを表す**分散** $V(X)$ を次式によって計算する.

品質特性が計数値で表せるような離散型確率変数に対して，

$$V(X)=\sum (x_i-\mu)^2\, Pr(X=x_i)$$

品質特性が計量値で表せるような連続型確率変数に対して，

$$V(X)=\int (x-\mu)^2 f(x)\,dx$$

分散は，σ^2(シグマ 2 乗と読む)で表される．$V(X)$ の V は Variance の頭文字である.

2 つの確率変数 X_1，X_2 の関係を表す量に**共分散**(Covariance)がある．共分散 $Cov(X_1, X_2)$ は 2 つの確率変数 X_1，X_2 の偏差の積の期待値として定義される．すなわち，X_1，X_2 の期待値を μ_1，μ_2 とするとき，

$$Cov(X_1, X_2)=E\{(X_1-\mu_1)(X_2-\mu_2)\}=E(X_1X_2)-\mu_1\mu_2$$

となる.

4．分散・共分散の性質

分散 $V(X)$ は次に示す性質がある.

① $V(aX)=a^2V(X)$

② $V(aX+C)=a^2V(X)$ （C：定数）

③ X_1，X_2，…，X_n が互いに独立な確率変数のとき次式が成り立つ.

$$V(a_1X_1+a_2X_2+\cdots+a_nX_n)=a_1^{\,2}V(X_1)+a_2^{\,2}V(X_2)+\cdots+a_n^{\,2}V(X_n)$$

上の③の性質を，**分散の加法性**(加成性)という．分散についての重要な特性である.

X_1, X_2 が独立な場合, ③から,

$$V(X_1 + X_2) = V(X_1) + V(X_2)$$

$$V(X_1 - X_2) = V(X_1) + V(X_2)$$

となることに注意する(**符号に注意する**).

2 つの確率変数 X_1, X_2 が独立でない場合は, 共分散 $Cov(X_1, X_2)$の項が生じて,

$$V(a_1X_1 + a_2X_2) = a_1^2V(X_1) + a_2^2V(X_2) + 2a_1a_2Cov(X_1, X_2)$$

となる. X_1 と X_2 は独立であれば, $Cov(X_1, X_2) = 0$ となるので,

$$V(a_1X_1 + a_2X_2) = a_1^2V(X_1) + a_2^2V(X_2)$$

となる. ただし, $Cov(X_1, X_2) = 0$ であっても, X_1 と X_2 は独立とはいえない場合があるので注意する.

例題 3.2

X, X_1, X_2 が確率変数であるとき, 以下を求めよ.

【解答 3.2】

① $V(2X + 5) = \mathbf{2^2}V(X) + \mathbf{0} = \mathbf{4}V(X) + \mathbf{0}$

② $V(2X_1 + 3X_2) = \mathbf{2^2}V(X_1) + \mathbf{3^2}V(X_2)$

$= \mathbf{4}V(X_1) + \mathbf{9}V(X_2)$

③ X_1, X_2 が $X_1 \sim N(20, 3^2)$, $X_2 \sim N(30, 3^2)$の正規分布に従い, 互いに独立であるとき,

$$E(4X_1 + 5X_2) = \mathbf{4}E(X_1) + \mathbf{5}E(X_2)$$

$$= \mathbf{4 \times 20 + 5 \times 30}$$

$$= \mathbf{80 + 150 = 230}$$

$$V(4X_1 + 5X_2) = \mathbf{4^2}V(X_1) + \mathbf{5^2}V(X_2)$$

$$= \mathbf{16 \times 3^2 + 25 \times 3^2}$$

$$= \mathbf{144 + 225 = 369}$$

④ X_1, X_2 が $X_1 \sim N(20, 3^2)$, $X_2 \sim N(30, 3^2)$の正規分布に従い, $Cov(X_1, X_2) = 0.5$ であるとき,

$$E(4X_1 + 5X_2) = \mathbf{4}E(X_1) + \mathbf{5}E(X_2)$$

$$= \mathbf{4 \times 20 + 5 \times 30}$$

$$= \mathbf{80 + 150 = 230}$$

$$V(4X_1 + 5X_2) = \mathbf{4^2}V(X_1) + \mathbf{5^2}V(X_2) + \mathbf{2 \times 4 \times 5}Cov(X_1, X_2)$$

$$= \mathbf{16 \times 3^2 + 25 \times 3^2 + 40 \times 0.5}$$

$$= 144 + 225 + 20 = 389$$

製品特性のばらつきには，多くの変動要因がある．たとえば，製品ロットからサンプルを抜き取り，特性値を測定すると考えると，製品の特性値のばらつき σ^2 は，ロットのばらつき σ_L^2，サンプリングのばらつき σ_S^2，測定のばらつき σ_M^2 に起因すると考えられる．それぞれのばらつきは独立なので，これらの関係は，

$$\sigma^2 = \sigma_L^2 + \sigma_S^2 + \sigma_M^2$$

となり，この関係を**分散の加法性**という．分散の加法性は，正規分布に限らず，すべての分布で成立する．

ただし，加法性が成り立つのは分散であって，標準偏差ではないことに注意すること．

$$\sigma \neq \sigma_L + \sigma_S + \sigma_M$$

例題 3.3

2 種類の部品を別々に製造し，これらを組み合わせて製品をつくる工程がある．図 3.2 に示す製品について M の寸法の期待値 $E(M)$ と分散 $V(M)$ を求めよ．

① 部品 A の長さ X は正規分布 $N(30,\ 2^2)$，部品 B の長さ Y は正規分布 $N(10,\ 1^2)$ に従い，互いに独立である場合．

② X と Y が互いに独立ではなく，$Cov(X,\ Y) = 0.5$ の場合．

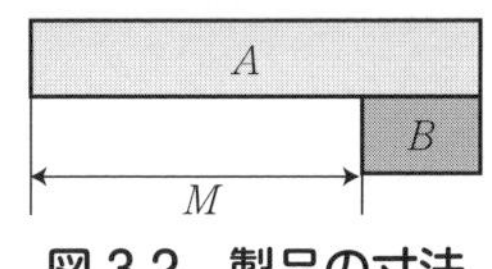

図 3.2　製品の寸法

【解答 3.3】

① X と Y が互いに独立なので，M の期待値と分散は，

$$E(M) = E(X - Y) = E(X) - E(Y) = 30 - 10 = 20$$

$$V(M) = V(X - Y) = V(X) + V(Y) = 2^2 + 1^2 = 4 + 1 = 5$$

となる．

② X と Y が互いに独立でなく，$Cov(X,\ Y) = 0.5$ なので，M の期待値と分散は，

$$E(M) = E(X - Y) = E(X) - E(Y) = 30 - 10 = 20$$

$$V(M) = V(X - Y) = V(X) + V(Y) - 2Cov(X,\ Y)$$

$$= 2^2 + 1^2 - 2 \times 0.5 = 4 + 1 - 1 = 4$$

となる．

03-02

正規分布

重要度 ●●●
難易度 ■■□

1. 正規分布とは

計量値の分布として最も重要で，一般的なものが**正規分布**である．正規分布は**左右対称の釣り鐘型**の分布を示す．

この正規分布の**確率密度関数**$f(x)$は以下のようになり，定数μとσによって分布の形が定まることがわかる．

$$f(x)=\frac{1}{\sqrt{2\pi}\sigma}e^{-\frac{(x-\mu)^2}{2\sigma^2}}$$ ただし，eは自然対数の底で，2.71828…である．

正規分布の平均(期待値)と分散は，以下のようになり，

$$E(X)=\mu$$
$$V(X)=\sigma^2$$

平均μ，分散σ^2(標準偏差σ)で分布の形が定まる．この分布の形を決める定数を**母数**という．

正規分布は，一般に$N(\mu, \sigma^2)$と表現される．正規分布する母集団を**正規母集団**という．いろいろなμとσについての正規分布を図3.3に示す．

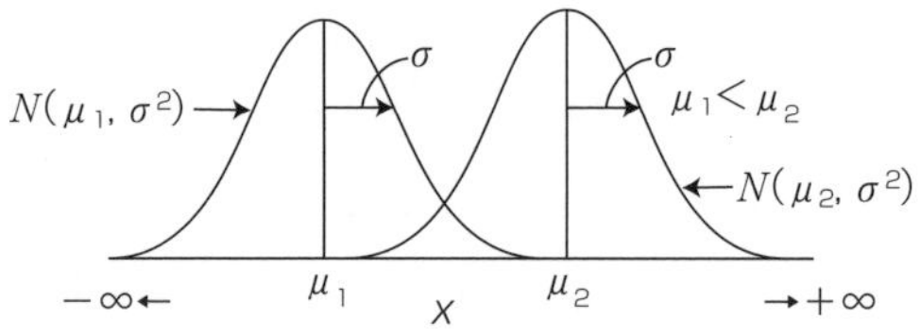

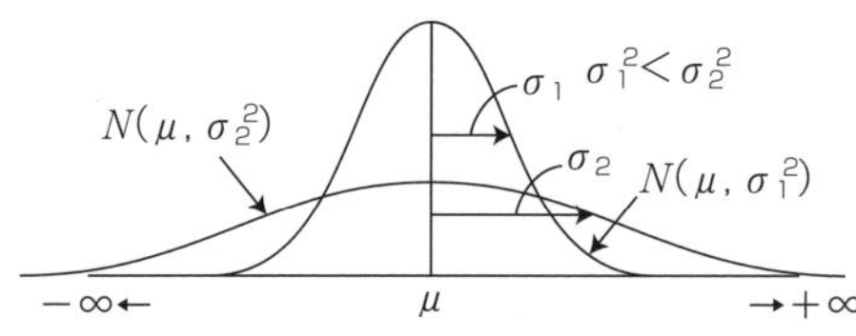

図 3.3 いろいろな正規分布

2. 正規分布の確率

確率変数Xが$N(\mu, \sigma^2)$に従うとき，$X(=x)$を$u=\frac{x-\mu}{\sigma}$と変換すると，確率変数uは$N(0, 1^2)$に従う．この変換を**標準化**(**規準化**)といい，μを原点0とおき，σ単位で目盛をふる操作をしていることになる(図3.4参照)．

正規分布はμとσの組合せによって無数にあるが，標準化を行うことによってす

べての正規分布は，μ，σ に無関係な正規分布に変換される．

$N(0,\ 1^2)$ を**標準（規準）正規分布**といい，$N(0,\ 1^2)$ の正規分布表を用いることで，正規分布をする確率変数がある値以上または以下の値をとる確率を求めることができる（図 3.5）．

$N(0,\ 1^2)$ の確率密度関数は，

$f(u)=\dfrac{1}{\sqrt{2\pi}}e^{-\frac{u^2}{2}}$ で表される．

標準正規分布において，標準化された確率変数 u が K_P 以上の値をとる確率を P として，K_P と P の関係を表にしたものが**正規分布表**（付表 1）である．

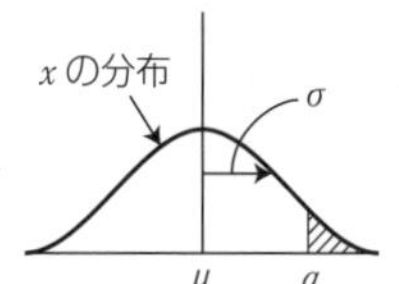

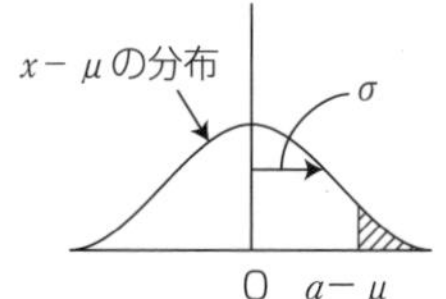

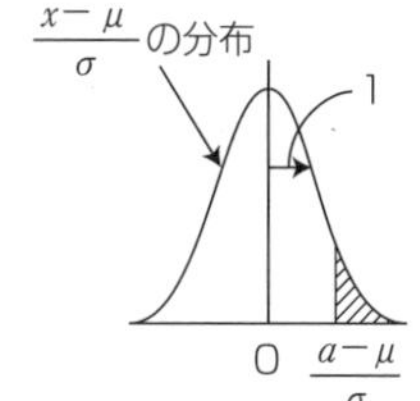

図 3.4　正規分布の標準化

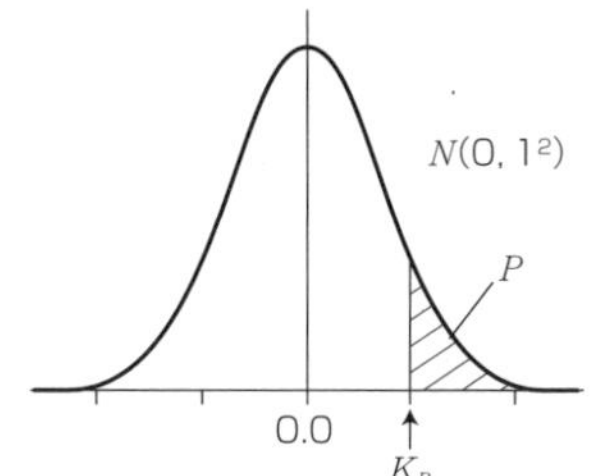

図 3.5　標準正規分布

例題 3.4

① 正規分布表Ⅰ（付表 1）で K_P から P を求めよ．

② 正規分布表Ⅱ（付表 1）で P から K_P を求めよ．

【解答 3.4】

① $Pr(u \geqq 1.96) =$ **0.0250**

$Pr(u \geqq 3.00) =$ **0.0013**

$Pr(u \geqq 1.05) =$ **0.1469**

$Pr(u \leqq -2.09) =$ **0.0183**

$Pr(-2.09 \leqq u \leqq 1.05) =$ **1 − 0.0183 − 0.1469 = 0.8348**

② $Pr(u \geqq$ **1.645**$) = 0.05$

$Pr(u \geqq$ **1.282**$) = 0.10$

03-03 二項分布

重要度 ●●●
難易度 ■■■

1. 二項分布

計数値である不適合品率や不適合品数は，**二項分布**に従う．母不適合品率 P の工程からサンプルを n 個ランダムに抜き取ったとき，サンプル中に不適合品が x 個ある確率 Pr は，

$$Pr(X=x) = {}_nC_x P^x (1-P)^{n-x} = \frac{n!}{x!(n-x)!} P^x (1-P)^{n-x}$$

となる．二項分布の平均（期待値）と分散は，

$$E(X) = nP$$
$$V(X) = nP(1-P)$$

となる．

いろいろな母不適合品率 P に対する二項分布を図 3.6 に示す．

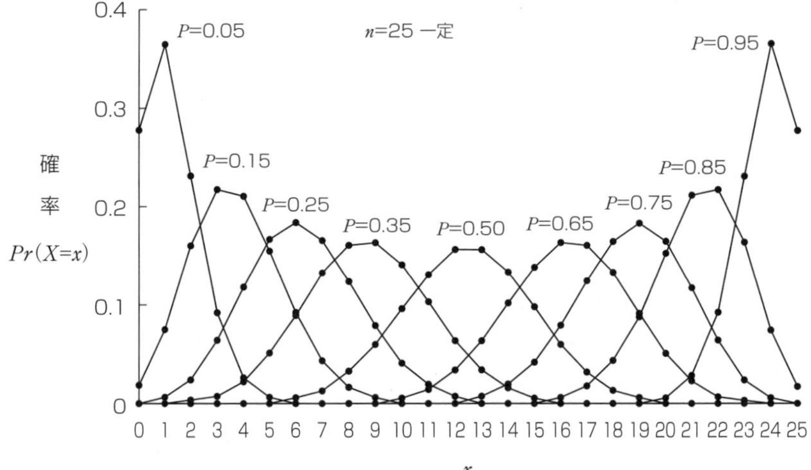

図 3.6 いろいろな母不適合品率に対する二項分布 (n = 25)

図 3.6 からわかるように，一定のサンプルの大きさに対して不適合品率が 0.5 に近づくに従って，分布の形が左右対称となり，正規分布に近づく．これと同様に，不適合品率を一定にしてサンプルの大きさを徐々に増していくと，分布の形が正規分布に近づいていく．実用上は，$nP \geqq 5$ かつ $n(1-P) \geqq 5$ ならば，二項分布は正規分布に近似できる．n と P は二項分布の母数である．

サンプルの不適合品率 $p = X/n$ も二項分布型の分布に従い，**二項分布の平均と分散**は，

$$E(p) = P$$
$$V(p) = P(1-P)/n$$

となる．

2. 二項分布の確率

二項分布の確率は下記の式を用いて計算する．

$$Pr(X = x) = {}_nC_x P^x (1-P)^{n-x} = \frac{n!}{x!(n-x)!} P^x (1-P)^{n-x}$$

不適合品率 $P = 0.10$ の工程から，サンプルを 20 個抜き取ったとき，その中に不適合品が 3 個含まれる確率は

$$Pr(X=3) = {}_{20}C_3 \times 0.10^3 \times (1-0.10)^{20-3}$$
$$= \frac{20!}{3!(20-3)!} \times 0.10^3 \times 0.90^{17} = 0.19012$$

となる．

例題 3.5

不適合品率 $P = 0.20$ の工程から，サンプルを 20 個抜き取ったとき，サンプル中の不適合品数が 2 個以下である確率を求めよ．

【解答 3.5】

不適合品数が 0 個，1 個，2 個の場合の確率を求める．

$$Pr(X=0) = f_0 = {}_{20}C_0 \times 0.20^0 \times (1-0.20)^{20-0}$$
$$= \frac{20!}{0!(20-0)!} \times 0.20^0 \times 0.80^{20} = 0.01153$$

$$Pr(X=1)=f_1={}_{20}C_1\times 0.20^1\times(1-0.20)^{20-1}$$
$$=\frac{20!}{1!(20-1)!}\times 0.20^1\times 0.80^{19}=0.05765$$
$$Pr(X=2)=f_2={}_{20}C_2\times 0.20^2\times(1-0.20)^{20-2}$$
$$=\frac{20!}{2!(20-2)!}\times 0.20^2\times 0.80^{18}=0.13691$$

不適合品が 2 個以下である確率fは，上記の確率の合計を求めればよいので，

$$f=f_0+f_1+f_2=0.01153+0.05765+0.13691$$
$$=0.20609$$

となる．

03-04 ポアソン分布

重要度 ●●●
難易度 ■■■

1．ポアソン分布

二項分布において，$nP = \lambda$ を一定にしてサンプルの大きさ n を無限大にしたときの分布を**ポアソン分布**という．一定の大きさの製品中に見られる不適合数や 1 日あたりの事故件数などがポアソン分布に従う．ポアソン分布は，

$$P(X = x) = e^{-\lambda}\frac{\lambda x}{x!} \quad (x = 0,\ 1,\ 2,\ \cdots;\ \lambda > 0)$$

となる．**ポアソン分布の平均（期待値）と分散**は，

$$E(X) = \lambda$$
$$V(X) = \lambda$$

となる．

いろいろな λ に対するポアソン分布を図 3.7 に示す．

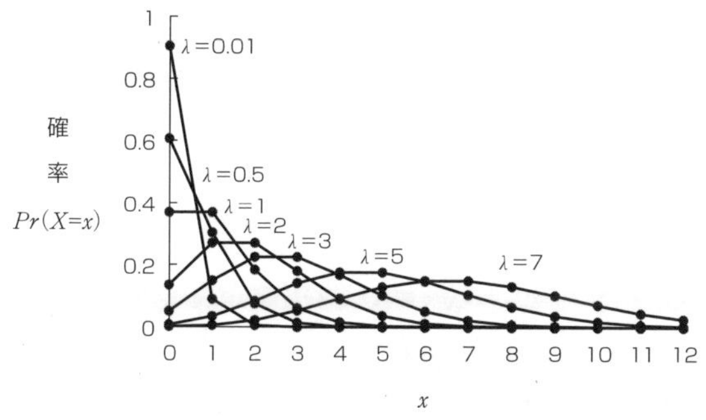

図 3.7　いろいろな λ に対するポアソン分布

二項分布で $P \leqq$ **0.1** ならば，実用的にはポアソン分布として扱ってもよいといわれている．このときの二項分布の平均と分散は，次の式で表される．

$$E(X) = nP$$
$$V(X) = nP$$

また，ポアソン分布は，$\lambda \geqq$ **5** の条件を満足するとき，正規分布として取り扱

うことができる.

1単位当たりの母不適合数がλの母集団よりn単位を調査したときT個の不適合数が見つかったとする. このとき, Tは母不適合数$n\lambda$のポアソン分布に従い, $E(T)=n\lambda$, $V(T)=n\lambda$が成り立つ. さらに, 1単位当たりの平均不適合数$w=T/n$を考えると, このwの平均と分散は次の式で表される.

$$E(w)=\lambda$$
$$V(w)=\lambda/n$$

2. ポアソン分布の確率

ポアソン分布の確率は下記の式を用いて計算する.

$$Pr(X=x)=e^{-\lambda}\frac{\lambda^x}{x!} \qquad (x=0,\ 1,\ 2,\ \cdots;\ \lambda>0)$$

を用いると$\lambda=2$で, $X=3$のときのポアソン分布の確率は,

$$Pr(X=3)=e^{-2}\frac{2^3}{3!}=0.18045$$

例題 3.6

不適合数$\lambda=4$の工程から, サンプルを1単位抜き取ったとき, サンプル中の不適合数が2個以下である確率を求めよ.

【解答 3.6】

不適合数が0個, 1個, 2個の場合の確率を求める.

$$Pr(X=0)=f_0=e^{-4}\frac{4^0}{0!}=0.01832$$

$$Pr(X=1)=f_1=e^{-4}\frac{4^1}{1!}=0.07326$$

$$Pr(X=2)=f_2=e^{-4}\frac{4^2}{2!}=014653$$

不適合数が2個以下である確率fは, 上記の確率の合計を求めればよいので,

$$f=f_0+f_1+f_2=0.01832+0.07326+0.14653=0.23811$$

となる.

03-05 統計量の分布

重要度 ●●●
難易度 ■■□

正規分布に従う母集団(正規母集団)からサンプルを抜き取って得られたデータの平均値や分散は一定の値ではなく，サンプリングのたびにばらつく．このような量を**統計量**という．

サンプルがランダムサンプリングにより，確率的に公平になるような方法で抜き取られていれば，統計量も 1 つの確率分布に従う．

1．サンプルの平均 $\bar{x}$ の分布(σ既知)

正規分布をする母集団 $N(\mu,\ \sigma^2)$ からランダムに抜き取られた大きさ n のサンプルの測定値(確率変数)x_1，…，x_n の平均 $\bar{x}=\dfrac{1}{n}\sum x_i$ は，平均 μ，分散 σ^2/n の**正規分布** $N(\mu,\ \sigma^2/n)$ に従う．分布の関係を図 3.8 に示す．

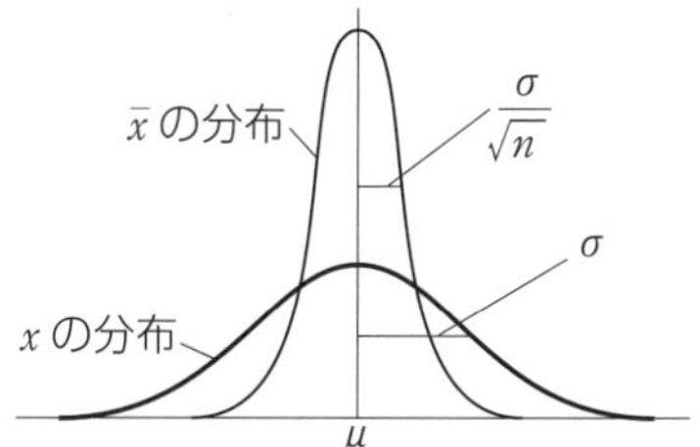

図 3.8　正規分布の標準化

$$E(\bar{x})=\mu,\quad V(\bar{x})=\frac{\sigma^2}{n}$$

ここで，

$$u=\frac{\bar{x}-\mu}{\sigma/\sqrt{n}}$$

とおくと，u は**標準正規分布** $N(0,\ 1^2)$ に従う．

正規母集団 $N(\mu,\ \sigma^2)$ からランダムに抜き取られた大きさ n のサンプルの平均 $\bar{x}$ は，$N(\mu,\ \sigma^2/n)$ に従う．また，$u=\dfrac{\bar{x}-\mu}{\sigma/\sqrt{n}}$ は $N(0,\ 1^2)$ に従う．

例題 3.7

① 正規母集団 $N(30,\ 3^2)$ から，大きさ $n = 16$ のサンプルを抜き取ったとき，サンプルの平均 $\bar{x}$ の分布の平均 $E(\bar{x})$ と分散 $V(\bar{x})$ を求めよ．また，この分布から $n = 16$ のサンプルを抜き取った．このサンプルの平均 $\bar{x}$ が 28 より小さくなる確率を求めよ．

② 正規母集団 $N(20,\ \sigma^2)$ から，サンプルを 5 個抜き取った場合，平均 $\bar{x} = 22.5$ 以上の確率が 0.002 以下となる σ の値を求めよ．

【解答 3.7】

① $E(\bar{x}) = \mathbf{30}$，$V(\bar{x}) = \dfrac{\mathbf{3^2}}{\mathbf{16}} = \mathbf{0.75^2}$ である．$\bar{x} = 28$ を標準化すると，

$$u = \frac{\bar{x} - \mu}{\sigma / \sqrt{n}} = \frac{\mathbf{28 - 30}}{\mathbf{3/\sqrt{16}}} = \frac{\mathbf{-2}}{\mathbf{0.75}} = \mathbf{-2.67}$$

となる．したがって，サンプルの平均 $\bar{x}$ が 28 より小さくなる確率は，正規分布表(Ⅰ)(付表 1)より，

$$P = \mathbf{0.0038}$$

となる．

② $P = 0.002$ となる u の値は，正規分布表(Ⅱ)(付表 1)から，$u = \mathbf{2.878}$ であり，

$$P\left(u = \frac{\mathbf{22.5 - 20}}{\sigma / \sqrt{\mathbf{5}}} \geqq \mathbf{2.878}\right) = \mathbf{0.002}$$

となる．これより，

$$\sigma \leqq \frac{\mathbf{2.5}}{\mathbf{2.878}} \times \sqrt{\mathbf{5}} = \mathbf{1.94}$$

であり，σ を **1.94** 以下にする必要がある．

2. サンプルの平均 $\bar{x}$ の分布(t 分布)(σ未知)

3.5 節の 1. において，$\bar{x}$ の分布は正規分布 $N(\mu,\ \sigma^2/n)$ に従い，

$$u = \frac{\bar{x} - \mu}{\sigma / \sqrt{n}}$$

は標準正規分布 $N(0,\ 1^2)$ に従うと述べた．ここで，母標準偏差 σ が未知の場合，

σを統計量$\sqrt{V}$で置き換えて，

$$t = \frac{\bar{x} - \mu}{\sqrt{V/n}}$$

とおくと，tは自由度$\phi = n - 1$のt**分布**に従う．

> 正規分布をする母集団$N(\mu, \sigma^2)$からランダムに抜き取られた大きさnのサンプルの平均値を$\bar{x}$，分散をVとすると，
>
> $$t = \frac{\bar{x} - \mu}{\sqrt{V/n}}$$
>
> は，自由度$\phi = n - 1$のt**分布**に従う．

注）自由度については以下のように考える．分散を求めるには，n個のデータから平均を求め，各データの偏差$x_1 - \bar{x}$，…，$x_n - \bar{x}$を計算する．これらの偏差のうち任意の$n - 1$個の偏差を定めれば，$(x_1 - \bar{x}) + \cdots + (x_n - \bar{x}) = 0$から残りの1つは定まるので，$n$個の偏差のうち独立なものは$(n - 1)$個となる．これを**自由度**という．

t分布は，0を中心に左右対称で，自由度ϕによって形が定まる．自由度による分布の違いを図3.9に示す．

uとtを比較すればわかるように，その違いは母数σを統計量$\sqrt{V}$に置き換えた点である．自由度$\phi \to \infty$の極限においては，t分布は標準正規分布$N(0,\ 1^2)$に一致する．

自由度ϕのt分布で，両側確率P（片側確率$P/2$）に対応する点（両側100%点）を図3.10のように$t(\phi,\ P)$と書く．$P = 0.05$，0.01に対する値は「t表」（付表2）に示されている．

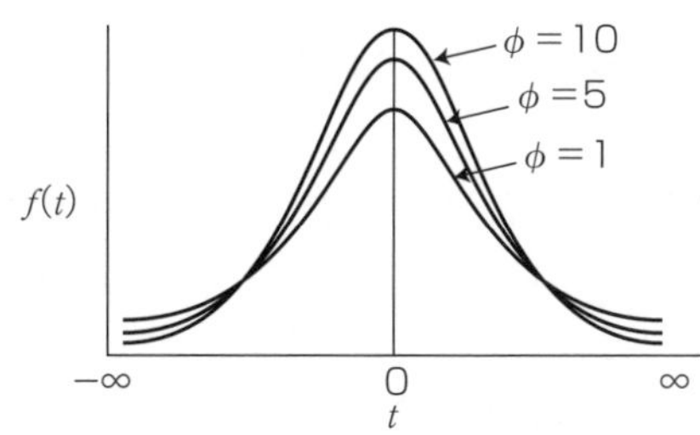

図3.9　t分布の確率密度関数

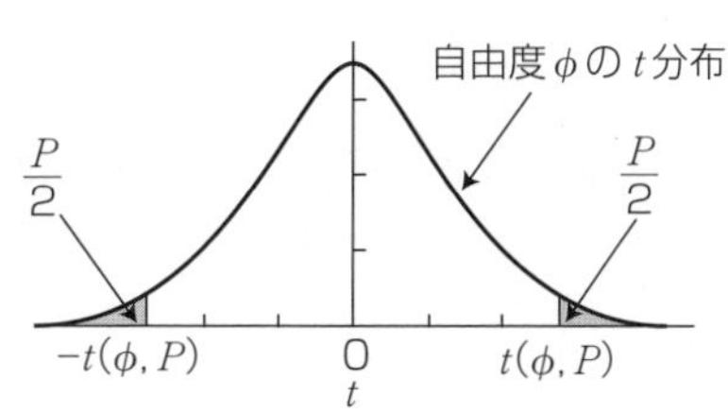

図3.10　t分布の両側100P%点

例題 3.8

t 表を用いて次の値を求めよ．

【解答 3.8】

① $\phi = 8$，$P = 0.05$ のとき，$t(8\,;0.05) =$ **2.306**

② $\phi = 20$，$P = 0.01$ のとき，$t(20\,;0.01) =$ **2.845**

③ $\phi = \infty$，$P = 0.20$ のとき，$t(\infty\,;0.20) =$ **1.282**

3．平方和の分布（カイ 2 乗分布）

平方和 $S = \sum (x_i - \bar{x})^2$ は，サンプルのばらつきを表す統計量の一つであるが，このSの分布はサンプルの大きさ n と母分散 σ^2 が大きくなるほど大きくなる．そこで，Sの分布を，母分散 σ^2 で標準化して，

$$\chi^2 = \frac{S}{\sigma^2}$$

とおき，χ^2（カイ 2 乗）の分布を考える．χ^2 分布は次のことが知られている．

正規母集団 $N(\mu,\ \sigma^2)$ からランダムに抜き取った大きさ n のサンプルの平方和 S とするとき，

$$\chi^2 = \frac{S}{\sigma^2}$$

は，自由度 $\phi = n - 1$ の χ^2 **分布**に従う．

χ^2 分布の平均と分散は，次のようになる．

$$E(\chi^2) = n - 1$$

$$V(\chi^2) = 2(n - 1)$$

χ^2 分布は，その自由度 $\phi = n - 1$ によって形が定まる．自由度 ϕ による違いを図 3.11 に示す．

自由度 ϕ の χ^2 分布で，上側確率 P に対する点（上側 100% 点）を図 3.12 のように，$\chi^2(\phi,\ P)$ と書く．$P = 0.01$，0.05，0.90，0.95 などに対する値は「χ^2 表」（付表 3）にある．

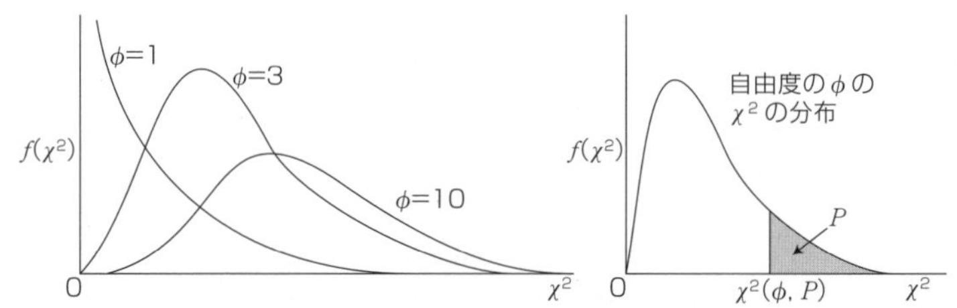

図 3.11　χ^2 分布の確率密度関数　　**図 3.12　χ^2 分布上側 100P% 点**

ところで，χ^2 分布の平均より，次の関係が得られる．

$$E\left(\frac{S}{\sigma^2}\right)=n-1 \quad \rightarrow \quad E\left(\frac{S}{n-1}\right)=\sigma^2$$

そこで，$V=\dfrac{S}{n-1}$ と記し，V の分布の期待値が母分散 σ^2 に一致することから，V を，単に**分散**と呼ばずに**不偏分散**と呼ぶことがある．すなわち，$E(V)=\sigma^2$ である．

例題 3.9

χ^2 表を用いて，次の値を求めよ．

【解答 3.9】

① $\phi=8$，$P=0.05$ のとき，$\chi^2(8\,;0.05)=$ **15.51**

② $\phi=8$，$P=0.95$ のとき，$\chi^2(8\,;0.95)=$ **2.73**

③ $\phi=40$，$P=0.95$ のとき，$\chi^2(40\,;0.95)=$ **26.5**

4．分散の比の分布（F 分布）

正規母集団 $N(\mu_1,\ \sigma_1^2)$ および $N(\mu_2,\ \sigma_2^2)$ から大きさそれぞれ n_1 および n_2 のサンプルをランダムに抜き取り，平方和をそれぞれ S_1，S_2 とすると，$\chi_1^2=S_1/\sigma_1^2$，$\chi_2^2=S_2/\sigma_2^2$ はそれぞれ独立に自由度 $\phi_1=n_1-1$，$\phi_2=n_2-1$ の χ^2 分布に従うが，χ_1^2，χ_2^2 をそれぞれの自由度で割ったものの比，すなわち，

$$F=\frac{\dfrac{\chi_1^2}{\phi_1}}{\dfrac{\chi_2^2}{\phi_2}}=\frac{\dfrac{S_1/\sigma_1^2}{n_1-1}}{\dfrac{S_2/\sigma_2^2}{n_2-1}}=\frac{V_1/\sigma_1^2}{V_2/\sigma_2^2}$$

は次のようになる．

03－05 統計量の分布

正規母集団 $N(\mu_1,\ \sigma_1^2)$ および $N(\mu_2,\ \sigma_2^2)$ から大きさ n_1 および n_2 のサンプルをランダムに抜き取って分散 V_1, V_2 を計算すると，

$$F=\frac{V_1/\sigma_1^2}{V_2/\sigma_2^2}$$

は，自由度 $\phi_1 = n_1 - 1$, $\phi_2 = n_2 - 1$ の **F 分布**に従う．

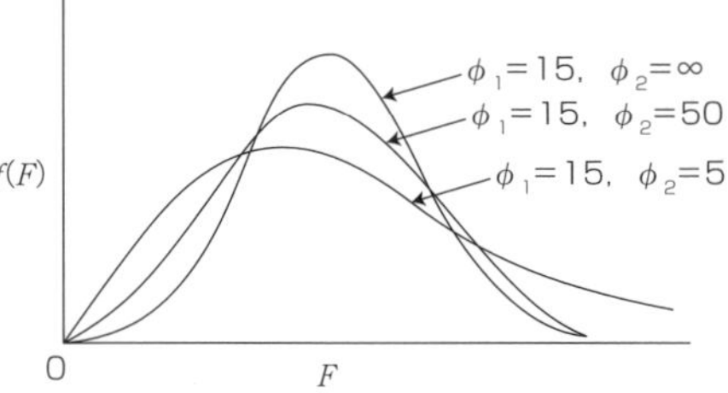

図 3.13　F 分布の確率密度関数

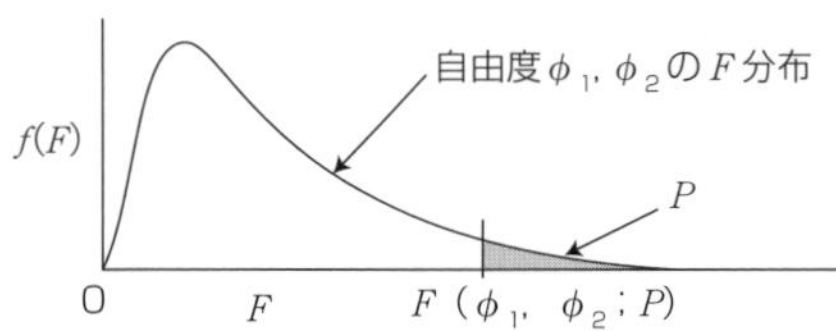

図 3.14　F 分布の上側 100P% 点

この F 分布は，分子の自由度 ϕ_1 と分母の自由度 ϕ_2 によって形が定まる．自由度 ϕ による分布の違いを図 3.13 に示す．

自由度 ϕ_1, ϕ_2 の F 分布で，上側確率 P に対応する点(上側 100P% 点)を図 3.14 のように $F(\phi_1, \phi_2\ ;\ P)$ または $F_{\phi_2}^{\phi_1}P$ と書く．P = 0.05, 0.01 などに対する値は，「F 表」(付表 4)に示されている．

χ^2 表とは異なり，F 表には下側確率 0.05 または 0.01 という値がない．それは下側確率の値は上側確率 P の値から次の関係によって求めることができる．

$$F(\phi_1,\ \phi_2\ ;\ 1-P)=\frac{1}{F(\phi_2,\ \phi_1\ ;\ P)} \qquad (1)$$

例題 3.10

F 表を用いて次の値を求めよ．

【解答 3.10】

① ϕ_1=8, ϕ_2=7, P=0.05 のとき，$F(8,\ 7\ ;\ 0.05)$ = **3.73**

② ϕ_1=1, ϕ_2=∞, P=0.01 のとき，$F(1,\ \infty\ ;\ 0.01)$ = **6.63**

③ ϕ_1=6, ϕ_2=10, P=0.95 のとき，$F(6,\ 10\ ;\ 0.95)$ = **0.246**

P = 0.95 における点の値はないから，(1)式を用いて，

$$F(6,\ 10\ ;\ 0.95)=\frac{1}{F(\mathbf{10},\ \mathbf{6}\ ;\ \mathbf{0.05})}=\frac{1}{\mathbf{4.06}}=\mathbf{0.246}$$

03-06 大数の法則と中心極限定理

重要度 ●●●
難易度 ■□□

1．大数の法則

母平均 $E(X)=\mu$，母分散 $V(X)=\sigma^2$ の母集団（正規分布でなくてもよい）からの大きさ n のランダムサンプル X_i が互いに独立のとき，X_1，…，X_n の平均値の期待値と分散は，

$$E(\overline{X})=\mu,\quad V(\overline{X})=\frac{\sigma^2}{n}$$

となる．すなわち，平均値の分散は $1/n$ 倍になるのである．したがって，n を大きくすれば，平均値 $\overline{X}$ のばらつき $V(\overline{X})$ は，どんどん小さくなる．

「n を限りなく大きくすると，$\overline{X}$ のばらつきが限りなく小さくなること」を**大数の法則**という．

また，不適合品率 P の工程からランダムにサンプルをとることを考える．i 番目のサンプルが不適合品のとき，確率変数 X_i の値を 1 とし，適合品のときには $X_i=0$ とする．n 番目のサンプルまでの X_i の合計 $r=\sum X_i$ は n 個中の不適合品数を表しているので，$p_n=\sum X_i/n$ はサンプルの不適合品率となる．p_n は X_i の平均 $\overline{X}$ であるので，

$$E(p_n)=P,\quad V(p_n)=P(1-P)/n$$

となる．p_n には大数の法則を適用することができ，「限りなく大きな n をとれば，p_n の分布の期待値は P に限りなく近づく」ということがいえる．

2．中心極限定理[20)]

任意の分布に従う確率変数の和が正規分布に近似できる．これを**中心極限定理**という．

すなわち，X_i は互いに独立に，同一の分布に従い，$E(X_i)=\mu$，$V(X_i)=\sigma^2$ と

すると，十分大きい n について，近似的に，$\sum_{i=1}^{n} X_i$ は，正規分布 $N(n\mu,\ n\sigma^2)$ に従う．これを平均 $\overline{X}$ に変形すると，

$$\overline{X} \sim N\left(\mu\ ,\frac{\sigma^2}{n}\right)$$

となる．

中心極限定理は，元の母集団分布が正規分布でなくても，平均 $\overline{X}$ の確率分布が正規分布に近似できることを示している．二項分布やポアソン分布のような離散分布についても成立する．検定や推定などにおけるこれらの分布の統計的解析で，正規分布近似を用いるうえでの根拠になっている．

これができれば合格！

- 期待値，分散，共分散の性質の理解
- 正規分布，二項分布，ポアソン分布とその確率の理解
- 正規分布，t 分布，χ^2 分布，F 分布の理解と確率分布表の読み方
- 大数の法則，中心極限定理の理解

第4章

検定と推定

検定・推定は，対象とする母集団の母数についての仮説を統計的に検証することである．

本章では，“ 検定・推定 ”の要点を学び，下記のことができるようにしておいてほしい．

- 検定と推定，第 1 種と第 2 種の誤りの説明
- 1 つの母集団，2 つの母集団の母平均・母分散に関する検定・推定の手順と計算
- データに対応がある，対応がないの説明
- 1 つの母集団，2 つの母集団の母不適合品率，母不適合数に関する検定・推定の手順と計算
- 分割表の検定の手順と計算

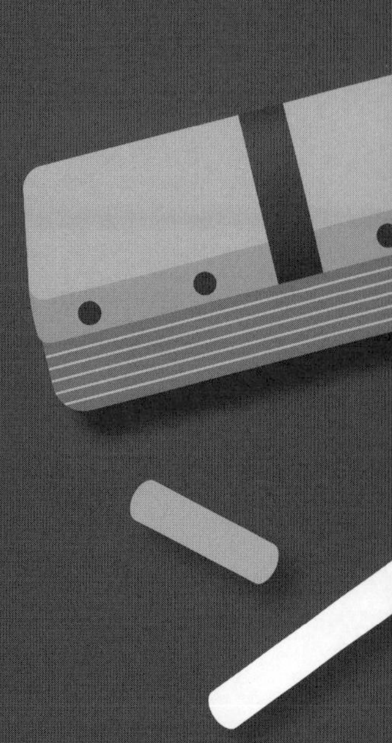

04-01 **検　定**

重要度 ●●●
難易度 ■■■

1. 検定とは

“**検定**”とは,「対象とする母集団の母平均を50.0としてよいか」,「対象とする母集団の母分散は減少したか」など,対象とする母集団に関する**仮説**について,母集団からサンプリングしてデータをとり,そのデータを用いて統計的に**検証**することである.

検定は,対象とする母集団に対して何を調べたいかを**対立仮説** H_1 とし,この対立仮説を否定する仮説を**帰無仮説** H_0 とする.対立仮説には,両側仮説と片側仮説とがあり,両側仮説の検定を“**両側検定**”,片側仮説の検定を“**片側検定**”という.

帰無仮説が真実であるにも関わらず,対立仮説が真実であると判断する誤りを“**第1種の誤り**”,“**あわてものの誤り**”と呼び,その確率を**有意水準**といい,記号 α で表す.これに対し,対立仮説が真実であるにも関わらず,帰無仮説が真実であると判断する誤りを“**第2種の誤り**”,“**ぼんやりものの誤り**”と呼び,その確率を記号 β で表す.

α と β の関係は,一般に α を大きくすると β は小さくなり,α を小さくすると β は大きくなる性質がある.

検定では,対立仮説が真実のときにそれを正しく検出できることが重要であり,この確率 $(1-\beta)$ を“**検出力**”という.

以上の関係を表4.1に示す.

表4.1　統計的仮説検定の2つの誤りとその確率

真実＼判断	H_0 が正しい	H_1 が正しい
H_0 が真実	$1-\alpha$	第1種の誤り(α)
H_1 が真実	第2種の誤り(β)	検出力$(1-\beta)$

検定における有意水準とは，帰無仮説を棄却するに足るだけの意味を持っているということで，一般的には5%や1%といった小さい値に設定する．

検定統計量が棄却域に入った場合は，「めったに起こらないことが起こった」とは考えずに，「最初に立てた仮説が間違っていた」と判断して帰無仮説を棄却する．

図4.1に1つの母集団の母平均の検定における両側検定で，母分散が既知の場合の棄却域とα，β，検出力$(1-\beta)$の関係を示す．

> **"棄却域"** とは，「帰無仮説を棄却すると判断する統計量の領域」であり，本書ではR(Reject)で表す．

- 両側検定では，棄却域が左右両側(または上側，下側)にある．
- 片側検定では，棄却域が左(または下側)または右(または上側)のどちらかにある．

図4.1は両側検定で母平均が右側(上側)に来た場合を例示している．なお，図4.1において，$1-\beta$は，

$$1-\beta = Pr\{u_0 \geqq u(\alpha)\} + Pr\{u_0 \leqq -u(\alpha)\}$$

となるが，右辺の第2項はほぼ0なので，図では無視している．

- 棄却域は，有意水準αによって定まる．

有意水準を5%とすると，正規分布は左右対称であるので，両側検定の場合，上側(右)に2.5%分，下側(左)に2.5%分の棄却域を設ける．本書では，正規分布の上側2.5%点を$u(0.05)$と，下側2.5%点を$-u(0.05)$と表記しており，帰無仮説を棄却する境界となる．

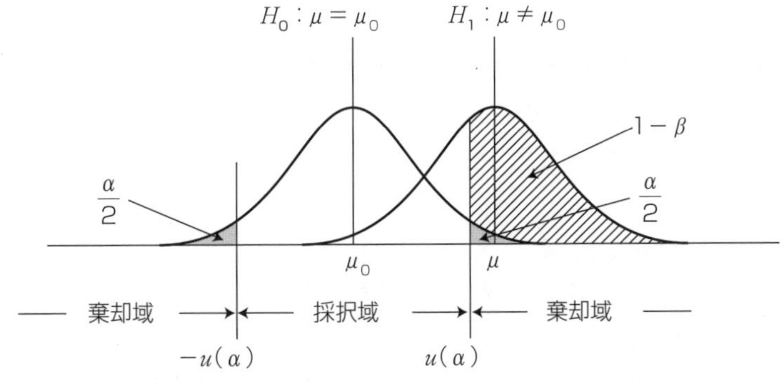

図4.1　母集団の母平均の検定における両側検定の棄却域

04-01 検定

片側検定の場合は，上側または下側のどちらかに5%分の棄却域を設けるので，上側5%点(u(0.10)と表記)または下側5%点($-u$(0.10)と表記)が帰無仮説を棄却する境界となる．

$$1-\beta=Pr\{u_0 \geqq u(\alpha)\}+Pr\{u_0 \leqq -u(\alpha)\}$$

2. 検定の手順

手順1　帰無仮説H_0と対立仮説H_1の設定

H_0：$\mu=\mu_0$の場合，対立仮説には，

H_1：$\mu \neq \mu_0$（両側仮説）

H_1：$\mu > \mu_0$（片側仮説）

H_1：$\mu < \mu_0$（片側仮説）

の3つの仮説が考えられ，「検定によって何を調べたいか」により，いずれかを選ぶ．何を調べたいかについて，

- 特性値が変化したかどうかを調べたい→H_1：$\mu \neq \mu_0$（両側仮説）
- 特性値が大きくなった場合だけを検出したい→H_1：$\mu > \mu_0$（右片側仮説）
- 特性値が小さくなった場合だけを検出したい→H_1：$\mu < \mu_0$（左片側仮説）

のいずれかを選択する．

手順2　有意水準の設定[注1)]

有意水準αは検定に先立って決めておき，一般には5%(0.05)，または1%(0.01)を用いる．

手順3　検定統計量の選定

目的とする検定の種類により検定統計量を選ぶ(表4.2参照)．

手順4　棄却域の設定

有意水準と対立仮説にもとづき棄却域を設定する．

手順5　サンプルとデータの採取[注2)]

検定の対象となる母集団からランダムにサンプルを採取し(ランダムサンプリング)，そのサンプルを測定してデータを得る．

手順6　検定統計量の計算

データから手順3で選択した検定統計量を計算する．

手順7　有意性の判定

検定の結果，帰無仮説が棄却されたとき，「有意水準αで有意である」という．

注1)　本章の例題では，手順1と手順2を合わせて手順を示している．

注 2)　本章の例題では手順 5 を省略しているが，サンプルをとるときにはランダムサンプリングを行う.

3. 推定とは

“**推定**”とは，対象とする母集団の分布の母平均や母分散などの母数の値がどの程度かを推測するものである．1 つの推定量により母数を推定する“**点推定**”と，区間を用いて推定する“**区間推定**”がある．区間推定では信頼率 $(1-\alpha)$ に応じて信頼区間の幅を決める.

4. 推定の手順

手順 1　点推定

“**点推定**”とは，母平均 μ や母分散 σ^2 などを推定することであり，通常はそれぞれ不偏推定量である平均値 $\bar{x}$，分散 V が用いられる.

手順 2　区間推定

“**区間推定**”とは，推定値について区間を用いて推定する方法であり，その区間は信頼率を決めて推定する．なお，信頼率は一般的には 95%(0.95) または 90%(0.90) を用いることが多い.

04-02 計量値の検定と推定

重要度 ●●●
難易度 ■■■

1．計量値の検定の種類

計量値の検定・推定は，１つの母集団を対象とする母平均，母分散に関するものと，２つの母集団を対象とする母平均，母分散に関するものがある．表 4.2 に母数の数や対象とする母数，母分散の情報などについて各検定方法をまとめる．

表 4.2　計量値の検定の種類

母集団の数	検定の対象とする母数	母分散の情報	統計量の分布	検定統計量
1	母平均 μ	母分散 σ^2 が既知	標準正規分布	$u_0=\dfrac{\bar{x}-\mu_0}{\sqrt{\sigma^2/n}}$
1	母平均 μ	母分散 σ^2 が未知	t 分布	$t_0=\dfrac{\bar{x}-\mu_0}{\sqrt{V/n}}$
1	母分散 σ^2	―	χ^2 分布	$\chi_0^2=\dfrac{S}{\sigma_0^2}$
2	母平均 μ_1 と母平均 μ_2 の差	母分散 σ_1^2, σ_2^2 が既知	標準正規分布	$u_0=\dfrac{\bar{x}_1-\bar{x}_2}{\sqrt{\dfrac{\sigma_1^2}{n_1}+\dfrac{\sigma_2^2}{n_2}}}$
2	母平均 μ_1 と母平均 μ_2 の差	母分散 σ_1^2, σ_2^2 が未知で $\sigma_1^2=\sigma_2^2$ の場合	t 分布	$t_0=\dfrac{\bar{x}_1-\bar{x}_2}{\sqrt{V\left(\dfrac{1}{n_1}+\dfrac{1}{n_2}\right)}}$ ただし，$V=\dfrac{S_1+S_2}{n_1+n_2-2}$
		母分散 σ_1^2, σ_2^2 が未知で $\sigma_1^2\neq\sigma_2^2$ の場合	t 分布（近似）	$t_0=\dfrac{\bar{x}_1-\bar{x}_2}{\sqrt{\dfrac{V_1}{n_1}+\dfrac{V_2}{n_2}}}$
2	母分散の比	母分散 σ^2 が未知	F 分布	$F_0=\dfrac{V_1}{V_2}$

2. 1つの母平均に関する検定と推定(母分散既知の場合)

母分散が既知の場合の1つの母平均の検定・推定の手順を，例題4.1に示す．母分散が既知であることは実務上考えづらい．しかし，長期にわたって管理図で管理状態にある工程などでは，R管理図などからσを推定し，そのσ^2を母分散として用いればよい．

例題4.1

あるラインで製造される接着剤の接着強度の母平均は10.0(N/mm^2)，母分散は0.5^2(N/mm^2)^{2}であった．今回，顧客から接着剤の接着強度の向上が求められたので，工程を改善し，接着強度が向上したかどうかを調べたい．改善した工程で製造した試作品9個の接着強度を測定したところ，その平均値は11.0(N/mm^2)であった．母分散は変化しないとして接着剤の接着強度が高くなったかどうかを調査する．

【解答4.1】

手順1　仮説の設定と有意水準

H_0：$\mu = \mu_0$ ($\mu_0 = 10.0$)

H_1：$\mu > \mu_0$

$\alpha = 0.05$

手順2　棄却域の設定

R：$u_0 \geqq u(0.10) = 1.645$

u(0.10)は，付表1の正規分布表より，$P = 0.05$(片側確率)に相当する$K_P = 1.645$を求める．

手順3　検定統計量の計算

$$\text{検定統計量 } u_0 = \frac{\bar{x} - u_0}{\sqrt{\sigma^2/n}} = \frac{11.0 - 10.0}{\sqrt{0.5^2/9}} = \frac{1}{\sqrt{0.027778}} = \frac{1}{0.16667} = 6.000$$

手順4　判定

$u_0 = 6.000 > u(0.10) = 1.645$

以上より，有意で**ある**．すなわち，有意水準5%で接着剤の接着強度は高くなったと**いえる**．

04-02 計量値の検定と推定

手順５　母平均の推定

点推定：

$$\hat{\mu} = \bar{x} = \mathbf{11.0} \quad (\mathrm{N/mm^2})$$

信頼率 95%の区間推定：

$$\bar{x} \pm u(0.05)\frac{\sigma}{\sqrt{n}} = \mathbf{11.0 \pm 1.960 \times \frac{0.5}{\sqrt{9}} = 11.0 \pm 0.33}$$

$$= \mathbf{10.67,\ 11.33}\ (\mathrm{N/mm^2})$$

区間推定の式から，信頼区間の幅は，サンプル(n)の大きさが大きくなるほど，また標準偏差σが小さくなるほど小さくなる．

注）本設問で調査の目的が変わった場合，仮説と棄却域は以下のようになる．

① 母平均が変わったかどうかを調べたい場合（母平均が大きくなった場合，小さくなった場合の両方を検出しておかないといけない場合）

H_0：$\mu = \mu_0 \quad (\mu_0 = 10.0)$

H_1：$\mu \neq \mu_0$

$\alpha = 0.05$

R：$|u_0| \geqq u(0.05)$，$|u_0| = 6.000 > u(0.05) = 1.960$

以上より，有意で**ある**．すなわち，有意水準 5% で接着剤の接着強度は変わったと**いえる**.

② 母平均が小さくなったことを調べたい場合（母平均が小さくなった場合だけを検出したい場合）

H_0：$\mu = \mu_0 \quad (\mu_0 = 10.0)$

H_1：$\mu < \mu_0$

$\alpha = 0.05$

R：$u_0 \leqq -u(0.10)$，$u_0 = 6.000 > -u(0.10) = -1.645$

以上より，有意で**ない**．すなわち，有意水準 5% で接着剤の接着強度は低くなった**とはいえない**.

3．1 つの母平均に関する検定と推定（母分散未知の場合）

母分散が未知で，1 つの母平均の検定・推定の場合の手順を，例題 4.2 に示す．σ既知より，σ未知の場合の方が適用される場合が多い．

例題 4.2

特殊ベルトを製造している工程で，従来の特殊ベルトの伸長時応力の母平均は 2.0(MPa)であった．今回，新製品に装着する特殊ベルトの伸長時応力を向上させたいとの要望が納入先からあり，原材料や工程の改善を行った．そこで，試作の特殊ベルト 9 個について伸長時応力を測定したところ，表 4.3 のデータを得た．特殊ベルトの伸長時応力が向上したか調べたい．

表 4.3　データ表

特殊ベルト	x	x^2
1	3	9
2	4	16
3	2	4
4	2	4
5	4	16
6	4	16
7	5	25
8	1	1
9	2	4
計	27	95

【解答 4.2】

手順 1　仮説の設定と有意水準

H_0：$\mu = \mu_0$　($\mu_0 = 2.0$)

H_1：$\mu > \mu_0$

$\alpha = \mathbf{0.05}$

手順 2　棄却域の設定

$$R：t_0 \geqq t(\phi,\ \mathbf{2}\alpha) = t(n-\mathbf{1},\ \mathbf{2}\times\mathbf{0.05}) = t(\mathbf{9}-\mathbf{1},\ \mathbf{0.10})$$
$$= t(\mathbf{8},\ \mathbf{0.10}) = \mathbf{1.860}$$

$t(\mathbf{8},\ \mathbf{0.10})$は t 表(付表 2)より，自由度 $\phi = \mathbf{8}$, $P = \mathbf{0.10}$(**両側**確率)に相当する，$t = \mathbf{1.860}$ を求める．

手順３　検定統計量の計算(表 4.3 参照)

平均値 $\bar{x}$ の計算：

$$\bar{x} = \frac{\sum x_i}{n} = \frac{27}{9} = 3.0$$

平方和 S の計算：

$$S = \sum (x_i - \bar{x})^2 = \sum x_i^2 - \frac{\left(\sum x_i\right)^2}{n} = 95 - \frac{(27)^2}{9} = 14.0$$

分散 V の計算：

$$V = \frac{S}{n-1} = \frac{14.0}{9-1} = 1.75$$

検定統計量 t_0 の計算：

$$t_0 = \frac{\bar{x} - \mu_0}{\sqrt{V/n}} = \frac{3.0 - 2.0}{\sqrt{\frac{1.75}{9}}} = \frac{1.0}{0.441} = 2.268$$

第4章

検定と推定

手順４　判定

$$t_0 = 2.268 > t(8,\ 0.10) = 1.860$$

以上より，有意で**ある**．すなわち，有意水準 5% で特殊ベルトの伸長応力は向上したと**いえる**.

手順５　母平均の推定

点推定：

$$\hat{\mu} = \bar{x} = 3.00 \quad (\text{MPa})$$

信頼率 95%の区間推定：

$$\bar{x} \pm t(\phi,\ 0.05)\sqrt{\frac{V}{n}} = 3.00 \pm t(8,\ 0.05)\sqrt{\frac{1.75}{9}}$$

$$= 3.00 \pm 2.306\sqrt{\frac{1.75}{9}} = 1.98,\ 4.02 \quad (\text{MPa})$$

4. 1 つの母分散に関する検定と推定

1 つの母集団を対象とし，その母集団での母分散の検定と推定の手順を，例題 4.3 に示す．

例題 4.3

3D プリンタ用の精密部品を製造している工程で，最近，重要箇所の寸法のばらつきを小さくするために，工程を改善することになった．従来の寸法のばらつきは母分散 $2.0^2(\mu m)^2$ であったが，今回，改善した工程で，9 ロットを試作して表 4.4 の結果を得た．寸法の母分散が従来よりも小さくなったかどうかを調べたい．

表 4.4　データ表

ロット	x	x^2
1	31	961
2	32	1024
3	34	1156
4	33	1089
5	31	961
6	33	1089
7	32	1024
8	34	1156
9	33	1089
計	293	9549

【解答 4.3】

手順 1　仮説の設定と有意水準

H_0：$\sigma^2 = \sigma_0^2$　$(\sigma_0^2 = 2.0^2)$

H_1：$\sigma^2 < \sigma_0^2$

$\alpha = 0.05$

手順 2　棄却域の設定

R：$\chi_0^2 \leqq \chi^2(\phi,\ 1-\alpha) = \chi^2(9-1,\ 1-0.05) = \chi^2(8,\ 0.95) = 2.73$

ただし，χ^2 の値は χ^2 表(付表 3)より求める．

手順 3　検定統計量の計算

$$\text{平方和 } S = \sum (x_i - \bar{x})^2 = \sum x_i^2 - \frac{\left(\sum x_i\right)^2}{n} = 9549 - \frac{(293)^2}{9} = 10.22$$

検定統計量 $\chi_0^2 = \frac{S}{\sigma_0^2} = \frac{10.22}{2.0^2} = 2.56$

手順４　判定

$$\chi_0^2 = 2.56 < \chi^2(\phi,\ 1-0.05) = \chi^2(9-1,\ 0.95) = 2.73$$

以上より，有意で**ある**．すなわち，有意水準 5% で寸法のばらつきは従来よりも小さくなったと**いえる**.

手順５　母分散の推定

点推定：

$$\hat{\sigma}^2 = V = \frac{S}{n-1} = \frac{10.22}{8} = 1.28 = 1.13^2 \quad (\mu\mathrm{m})^2$$

信頼率 95%の区間推定：

$$\delta_L^2 = \frac{S}{\chi^2\left(\phi, \frac{\alpha}{2}\right)} = \frac{S}{\chi^2(9-1,\ 0.025)} = \frac{S}{\chi^2(8,\ 0.025)} = \frac{10.22}{17.53}$$

$$= 0.583 = 0.764^2 \ (\mu\mathrm{m})^2$$

$$\delta_U^2 = \frac{S}{\chi^2\left(\phi, 1-\frac{\alpha}{2}\right)} = \frac{S}{\chi^2(9-1,\ 1-0.025)} = \frac{S}{\chi^2(8,\ 0.975)} = \frac{10.22}{2.18}$$

$$= 4.688 = 2.165^2 \quad (\mu\mathrm{m})^2$$

5．2 つの母分散の比に関する検定と推定

2 つの母集団を対象にした母分散の比の検定・推定の手順を，例題 4.4 に示す．2 つの母集団の母平均の場合は，母平均の差をとればよいが，母分散の場合は，差ではなく母分散の比をとり統計的に検証する.

例題 4.4

バネを製作している工程がある．最近，バネの内径のばらつきが大きいとの指摘があり社内で検討した結果，製造ラインによって差があるのではないかという意見が出されたので，A，B 2 つのラインで製造されるバネの内径(mm)のばらつきに差があるかどうかを調査することにした．両ラインからそれぞれ 11 個のサンプルを取り，得られたデータから平方和を計算したところ，A ラインでは 130.0(mm)^2，B ラインでは 100.0(mm)^2 となった.

【解答 4.4】

手順 1　仮説の設定と有意水準

H_0：$\sigma_A^2 = \sigma_B^2$

H_1：$\sigma_A^2 \neq \sigma_B^2$

$\alpha = 0.05$

手順 2　棄却域の設定

R：$F_0 \geqq F$(F_0 を求める式の分子の V の自由度，F_0 を求める式の分母の V の自由度；$\alpha/2$) $= F(n_A - 1,\ n_B - 1\ ;\ 0.05/2) = F(10,\ 10\ ;\ 0.025) = 3.72$

F の値は，付表４の F 表(0.025)より求める．

手順 3　統計量の計算

分散の計算：

$$V_A = \frac{S_A}{n_A - 1} = \frac{130.0}{10} = 13.00$$

$$V_B = \frac{S_B}{n_B - 1} = \frac{100.0}{10} = 10.00$$

検定統計量の計算(分散の大きいほうを分子にする)：

$$\textbf{検定統計量}\ F_0 = \frac{V_A}{V_B} = \frac{13.00}{10.00} = 1.30$$

手順 4　判定

$F_0 = 1.30 < F(10,\ 10\ ;\ 0.025) = 3.72$

以上より，有意で**ない**．すなわち，有意水準 5% で両ラインのバネの内径のばらつきは異なると**はいえない**．

手順 5　母分散の比の推定

点推定：

$$\hat{\sigma}_A^2 / \hat{\sigma}_B^2 = \frac{V_A}{V_B} = \frac{13.00}{10.00} = 1.30$$

信頼率 95%の区間推定：

$$\frac{V_A}{V_B} \times \frac{1}{F(\phi_A, \phi_B\ ;\ \alpha/2)} = 1.30 \times \frac{1}{F(10,\ 10\ ;\ 0.025)} = \frac{1.30}{3.72} = 0.349$$

$$\frac{V_A}{V_B} \times F(\phi_A,\ \phi_B\ ;\ \alpha/2) = 1.30 \times F(10,\ 10\ ;\ 0.025) = 1.30 \times 3.72$$

$$= 4.836$$

なお，第７章「実験計画法」や第８章「相関分析・回帰分析」で用いる分散分析表は，F 検定を行っている．

6. 2つの母平均の差に関する検定・推定（母分散未知の場合）

２つの母集団を対象にした母平均の差に関する検定・推定の手順を，例題 4.5 に示す．母分散既知のケースもあるが，実務上多くない．

例題 4.5

レトルト食品を製造している工程がある．最近，レトルト食品のとろみ（特性値：粘度）がばらついているのではないかとの問合せが顧客からあった．検討した結果，製造ラインによって，とろみが異なるのではないかという意見があり調査することにした．A，B の２つのラインからそれぞれ９個のサンプルを取り，粘度（パスカル秒）を測定し，下記のデータを得て，表 4.5 に整理した．ライン間でとろみの母平均に差があるかどうかを調べる．

ライン A：71，72，80，81，75，78，73，72，70
ライン B：66，70，75，68，70，65，63，63，60

表 4.5　データ表

サンプル	x_A	x_A^2	x_B	x_B^2
1	71	5041	66	4356
2	72	5184	70	4900
3	80	6400	75	5625
4	81	6561	68	4624
5	75	5625	70	4900
6	78	6084	65	4225
7	73	5329	63	3969
8	72	5184	63	3969
9	70	4900	60	3600
計	672	50308	600	40168

【解答 4.5】

2 つの母集団の母平均の差に関する検定・推定(母分散未知)で 2 つのラインで粘度の母平均に差があるかどうかを検定する両側検定である.

実用的には,「2 つのサンプル数の比が 2 倍以下」もしくは「2 つの分散比が 2 倍以下」のどちらかが成立すれば, $\sigma_A^2 = \sigma_B^2$ と見なして, t 検定を行う. なお,分散比が 2 倍以上の場合,およびサンプル数の比が 2 倍以上の場合は,次の 7. で解説する Welch の検定を適用する.

手順 1　仮説の設定と有意水準

$$H_0 : \sigma_A = \sigma_B$$

$$H_1 : \sigma_A \neq \sigma_B$$

$$\alpha = 0.05$$

手順 2　棄却域の設定

自由度 $\phi = n_A + n_B - 2 = 9 + 9 - 2 = 16$

$$R : |t_0| \geqq t(\phi,\ \alpha) = t(16,\ 0.05) = 2.120$$

手順 3　検定統計量の計算

平均値 $\bar{x}$ の計算:

$$\bar{x}_A = \frac{\sum x_{A_i}}{n} = \frac{672}{9} = 74.67$$

$$\bar{x}_B = \frac{\sum x_{B_i}}{n} = \frac{600}{9} = 66.67$$

平方和 S の計算:

$$S_A = \sum (x_{A_i} - \bar{x}_A)^2 = \sum x_{A_i}^2 - \frac{\left(\sum x_{A_i}\right)^2}{n_A}$$

$$= 50308 - 672^2/9 = 132.0$$

$$S_B = \sum (x_{B_i} - \bar{x}_B)^2 = \sum x_{B_i}^2 - \frac{\left(\sum x_{B_i}\right)^2}{n_B}$$

$$= 40168 - 600^2/9 = 168.0$$

分散 V の計算:

$$V_A = \frac{S_A}{n_A - 1} = \frac{132.0}{9 - 1} = 16.50$$

$$V_B = \frac{S_B}{n_B - 1} = \frac{168.0}{9 - 1} = 21.00$$

V_A と V_B の大きさを比較すると，V_B のほうが大きいからこれを分子に，V_A を分母にもってくる．

$$\frac{V_B}{V_A}=\frac{21.00}{16.50}=1.27$$

よって，分散の比は 2 倍以下となったので，t 検定を行う．

プールした分散 V を求める．

$$\text{分散 } V=\frac{S_A+S_B}{n_A+n_B-2}=\frac{132.0+168.0}{9+9-2}=18.75$$

検定統計量 t_0 の計算：

$$\text{検定統計量 } t_0=\frac{\bar{x}_A-\bar{x}_B}{\sqrt{V\left(\frac{1}{n_A}+\frac{1}{n_B}\right)}}=\frac{74.67-66.67}{\sqrt{18.75\times\left(\frac{1}{9}+\frac{1}{9}\right)}}=3.919$$

手順４　判定

$$|t_0|=3.919>t(16,\ 0.05)=2.120$$

以上より，有意で**ある**．すなわち，有意水準 5% で粘度に差があるといえる**いえる**．

手順５　母平均の差の推定

点推定：

$$\hat{\mu}_A-\hat{\mu}_B=\bar{x}_A-\bar{x}_B=74.67-66.67=8.00 \quad (\text{パスカル秒})$$

信頼率 95%の区間推定：

$$(\bar{x}_A-\bar{x}_B)\pm t(\phi,\ \alpha)\sqrt{V\left(\frac{1}{n_A}+\frac{1}{n_B}\right)}$$

$$=8.00\pm 2.120\times\sqrt{18.75\times\left(\frac{1}{9}+\frac{1}{9}\right)}=3.67,\ 12.33 \quad (\text{パスカル秒})$$

7．２つの母平均の差に関する検定・推定(Welch の検定の場合)

母平均の差に関する検定・推定において，２つの母集団の分散比が２倍以上の場合には，**Welch の検定**を行う．**Welch の検定・推定**の手順を，例題 4.6 に示す．

例題 4.6

A，B の 2 つのラインで機械溶接された部品の引張強度(MPa)の母平均に差があるのではないかとの指摘が検査工程からあり，調査することとなった．A，B ラインからそれぞれ 9 個のサンプルを採取し，下記のデータを得て，表 4.6 のデータに整理した．A，B ラインでの引張強度の母平均に差があるかどうかを調べる．

ライン A：15，20，20，26，21，25，15，16，20

ライン B：14，19，　4，　5，　5，19，　8，　5，14

表 4.6　データ表

サンプル	x_A	x_A^2	x_B	x_B^2
1	15	225	14	196
2	20	400	19	361
3	20	400	4	16
4	26	676	5	25
5	21	441	5	25
6	25	625	19	361
7	15	225	8	64
8	16	256	5	25
9	20	400	14	196
計	178	3648	93	1269

【解答 4.6】

2 つの母集団の母平均の差に関する検定・推定で，母分散が未知の場合である．また例題文から両側検定であることがわかる．

手順 1　仮説の設定と有意水準

$H_0: \mu_A = \mu_B$

$H_1: \mu_A \neq \mu_B$

$\alpha = \mathbf{0.05}$

手順 2　棄却域の設定

$R: |t_0| \geqq t(\phi^*, \alpha)$

なお，手順４でϕ^*を求める．

手順３　検定統計量の計算

平均値 $\bar{x}$ の計算：

$$\bar{x}_A = \frac{\sum x_{A_i}}{n} = \frac{178}{9} = 19.78$$

$$\bar{x}_B = \frac{\sum x_{B_i}}{n} = \frac{93}{9} = 10.33$$

平方和 S の計算：

$$S_A = \sum (x_{A_i} - \bar{x}_A)^2 = \sum x_{A_i}^2 - \frac{\left(\sum x_{A_i}\right)^2}{n_A}$$

$$= 3648 - \frac{178^2}{9} = 127.56$$

$$S_B = \sum (x_{B_i} - \bar{x}_B)^2 = \sum x_{B_i}^2 - \frac{\left(\sum x_{B_i}\right)^2}{n_B}$$

$$= 1269 - \frac{93^2}{9} = 308.0$$

分散 V の計算：

$$V_A = \frac{S_A}{n_A - 1} = \frac{127.56}{9 - 1} = 15.94$$

$$V_B = \frac{S_B}{n_B - 1} = \frac{308}{9 - 1} = 38.50$$

分散の大きいほうである V_B を分子にして F_0 を求める．

$$F_0 = \frac{V_B}{V_A} = \frac{38.50}{15.94} = 2.42$$

よって，分散の比は２倍以上である．

サンプル数は等しいので，6. で示した t 検定を行ってもよいが，本問では，Welch の検定を行う．

検定統計量 t_0 の計算：

$$t_0 = \frac{\bar{x}_A - \bar{x}_B}{\sqrt{\dfrac{V_A}{n_A} + \dfrac{V_B}{n_B}}} = \frac{19.78 - 10.33}{\sqrt{\dfrac{15.94}{9} + \dfrac{38.50}{9}}} = \frac{9.45}{\sqrt{1.771 + 4.278}} = 3.843$$

手順４　判定

ここで，ϕ^*を求める．

$$\phi^*=\frac{\left(\frac{V_A}{n_A}+\frac{V_B}{n_B}\right)^2}{\left\{\frac{\left(\frac{V_A}{n_A}\right)^2}{\phi_A}+\frac{\left(\frac{V_B}{n_B}\right)^2}{\phi_B}\right\}}=\frac{\left(\frac{15.94}{9}+\frac{38.50}{9}\right)^2}{\left\{\frac{\left(\frac{15.94}{9}\right)^2}{8}+\frac{\left(\frac{38.50}{9}\right)^2}{8}\right\}}$$

$$=\frac{(1.771-4.278)^2}{\frac{1.771^2}{8}+\frac{4.278^2}{8}}=\frac{36.590}{0.392+2.287}=13.7$$

$t(\phi^*,\ 0.05)=t(13.7,\ 0.05)$の値について，$t(13,\ 0.05)=2.160$，$t(14,\ 0.05)=2.145$より，以下のように直線補間して求める．

$$t(13.7,\ 0.05)=(1-0.7)\times t(13,\ 0.05)+0.7\times t(14,\ 0.05)$$
$$=0.3\times 2.160+0.7\times 2.145=2.150$$

よって，$R:\ |t_0|\geqq t(13.7,\ 0.05)=2.150$なので，

$$|t_0|=3.840>t(13.7,\ 0.05)=2.150$$

以上より，有意で**ある**．すなわち，有意水準 5% で溶接の引張強度の母平均に差があると**いえる**．

手順５　母平均の差の推定

点推定：

$$\hat{\mu}_A-\hat{\mu}_B=\bar{x}_A-\bar{x}_B=19.78-10.33=9.45\quad\text{(MPa)}$$

信頼率 95%の区間推定：

$$(\bar{x}_A-\bar{x}_B)\pm t(\phi^*,\ \alpha)\sqrt{\frac{V_A}{n_A}+\frac{V_B}{n_B}}$$
$$=9.45\pm t(13.7,\ 0.05)\times\sqrt{\frac{15.94}{9}+\frac{38.50}{9}}$$
$$=9.45\pm 2.150\times\sqrt{\frac{15.94}{9}+\frac{38.5}{9}}$$
$$=9.45\pm 2.150\times 2.459$$
$$=9.45\pm 5.29=4.16,\ 14.74\quad\text{(MPa)}$$

8. データに対応がある場合の母平均の差の検定と推定（母分散未知の場合）

データに対応があるときの母平均の差の検定・推定の手順を，例題4.7に示す．

例題 4.7

ある会社では，新規化合物を開発している．新規化合物の重要特性である不純物量(%)の測定において，測定法A法とB法との間にかたより(母平均の差)があるかどうかを判定したい．そこで，9種の異なる新規化合物を用意し，A法およびB法で測定して得たデータを，表4.7に示す．不純物量の測定法A法およびB法で違いがあるかどうかを調べたい．

表4.7 データ表

化合物の種類	測定法A (x_A)	測定法B (x_B)
1	2.05	2.04
2	2.10	2.09
3	2.10	1.94
4	2.16	1.95
5	2.01	1.95
6	2.15	2.09
7	2.05	1.98
8	2.06	1.95
9	2.10	2.04

【解答 4.7】

表4.7のデータは，例えば，データx_{A_2}とx_{B_2}は，いずれも化合物の種類が2に関するものである．一般に，x_{A_i}とx_{B_i}には化合物の種類の番号がともにiであるという共通の成分が含まれている．このように，データx_{A_i}およびx_{B_i}が添え字iのみによって定まる共通の成分が含まれているとき，**データに対応がある**という．各化合物(化合物の種類)によって定まる共通の成分が含まれ，かつ，9組の対になったデータと考える．この場合をデータに対応があり，ここで母平均の差

($\delta = \mu_A - \mu_B$)を調査することになる．

表 4.7 をもとに，グラフ化して図 4.2 を作成すると，化合物の種類に対する「対応がある」様子がわかる．

データに対応がある場合には，対になったデータの差を 1 つのデータとして扱うことで，1 つの母平均に関する検定と推定と同様に解析ができる．

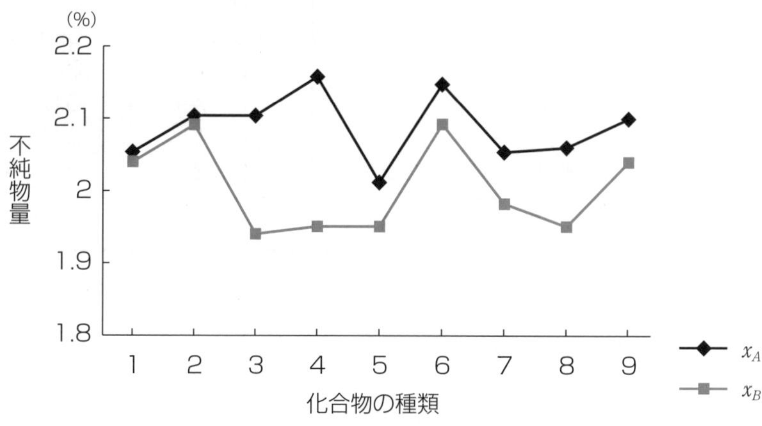

図 4.2　A 法(x_A)，B 法(x_B)の不純物量のグラフ

手順 1　仮説の設定と有意水準

H_0：$\delta = 0$　($\delta = \mu_A - \mu_B$)

H_1：$\delta \neq 0$

$\alpha = 0.05$

手順 2　棄却域の設定

R：$|t_0| \geqq t(\phi,\ \alpha) = t(9-1,\ 0.05) = 2.306$

手順 3　検定統計量の計算(表 4.8 参照)

データの差の平均値 $\bar{d}$ の計算：

$$\bar{d} = \frac{\sum d_i}{n} = \frac{0.75}{9} = 0.0833$$

平方和 S の計算：

表 4.8　計算補助表

化合物の種類	A 法(x_A)	B 法(x_B)	d_i	d_i^2
1	2.05	2.04	0.01	0.0001
2	2.10	2.09	0.01	0.0001
3	2.10	1.94	0.16	0.0256
4	2.16	1.95	0.21	0.0441
5	2.01	1.95	0.06	0.0036
6	2.15	2.09	0.06	0.0036
7	2.05	1.98	0.07	0.0049
8	2.06	1.95	0.11	0.0121
9	2.10	2.04	0.06	0.0036
合計	18.78	19.03	0.75	0.0977

$$S_d = \sum (d_i - \bar{d})^2 = \sum d_i^2 - \frac{\left(\sum d_i\right)^2}{n}$$

$$= \mathbf{0.0977} - \frac{\mathbf{0.75^2}}{\mathbf{9}} = \mathbf{0.0352}$$

分散 V_d の計算：

$$V_d = \frac{S_d}{n-1} = \frac{\mathbf{0.0352}}{\mathbf{9-1}} = \mathbf{0.00440}$$

検定統計量 t_0 の計算：

$$t_0 = \frac{\bar{d}}{\sqrt{V_d/n}} = \frac{\mathbf{0.0833}}{\sqrt{\frac{\mathbf{0.00440}}{\mathbf{9}}}} = \frac{\mathbf{0.0833}}{\mathbf{0.0221}} = \mathbf{3.769}$$

手順４　判定

$$|t_0| = \mathbf{3.769} > t(\mathbf{8},\ \mathbf{0.05}) = \mathbf{2.306}$$

以上より，有意で**ある**．すなわち，有意水準 5% で不純物量の測定法に差があると**いえる**．

手順５　母平均の推定

点推定：

$$\hat{\delta} = \bar{d} = \mathbf{0.0833} \quad (\%)$$

信頼率 95%の区間推定：

$$\bar{d} \pm t(8,\ 0.05)\sqrt{\frac{V}{n}} = \mathbf{0.0833} \pm \mathbf{2.306} \times \sqrt{\frac{\mathbf{0.00440}}{\mathbf{9}}}$$

$$= \mathbf{0.0323},\ \mathbf{0.1343}\quad (\%)$$

04-03 計数値の検定と推定

重要度 ●●●
難易度 ■■■

1．計数値の検定の種類

計数値の検定・推定には，次の種類がある．

(1)　母不適合品率(不良率)の解析

二項分布に従う**母不適合品率**のデータについて解析を行う．

① 1つの**母不適合品率** P に関する検定と推定

② 2つの**母不適合品率** P_A と P_B との違いに関する検定と推定

(2)　不適合数(欠点数)の解析

ポアソン分布に従うと仮定し，ポアソン分布に関して，1単位当たりの**母不適合数** λ のデータについての解析を行う．

① 1つの**母不適合数** λ に関する検定と推定

② 2つの**母不適合数** λ_A と λ_B との違いに関する検定と推定

これらの手法は，正規分布近似を用いる．近似精度を満足するためには，不適合品数，不適合数，度数データが5個程度以上になるようにサンプル数や単位数などを設定することが必要である．

二項分布の正規分布近似の種類とポアソン分布の正規分布近似の種類について表4.9，表4.10に示す．

表4.9　二項分布の正規分布近似

直接近似	$\hat{P} = p \sim N\left(P,\ \dfrac{P(1-P)}{n}\right)$
ロジット変換による近似注1)	$L(p^*) = \ln\dfrac{p^*}{1-P^*} \sim N\left(L(P),\ \dfrac{1}{nP(1-P)}\right)$

注）$p = \dfrac{x}{n}$ は不適合品率であるが，近似をよくするために連続修正

$p^* = \dfrac{x+0.5}{n+1}$ を行うことがある．本書では直接近似で計算する．

表 4.10　**ポアソン分布**の正規分布近似

直接近似	$\hat{\lambda} \sim N\left(\lambda,\ \dfrac{\lambda}{n}\right)$
対数変換による近似[注2)]	$\ln\hat{\lambda}^* \sim N\left(\ln\lambda,\ \dfrac{1}{n\lambda}\right)$

注）$\hat{\lambda}=\dfrac{T}{n}$，連続修正は $\lambda^*=\dfrac{T+0.5}{n}$ である．本書では直接近似で計算する．

(3)　項目ごとに分類された度数データ（適合度，分割表）の解析

項目ごとに分類された度数データの解析として代表的なものに**適合度の検定**と**分割表の検定**がある．

①　分割表による検定

二元表として分類された度数データ（分割表）に基づいて，行と列の分類項目に関係があるかどうかを検定する．

②　適合度の検定

度数分布として得られたデータに基づいて，母集団分布が何らかの想定された確率分布との違いがないかどうかを調べる．

2.　母不適合品率の検定と推定

1 つの母集団を対象とした母不適合品率 P に関する検定と推定の手順を，例題 4.8 に示す．

例題 4.8

あるラインで製造されている精密機械に用いられる機械部品の不適合品率は従来 4.0% であった．今回，不適合品率を下げることが工場長方針で出され，製造工程の改善により不適合品率の低減活動を行った．そこで活動後の工程から 500 個の機械部品をランダムに採取し検査したところ，不適合品は 10 個であった．低減活動の結果，母不適合品率が低減したかどうかを調べたい．

04-03 計数値の検定と推定

【解答 4.8】

手順 1　仮説の設定と有意水準

$H_0 : P = P_0$ （$P_0 = 0.040$）

$H_1 : P < P_0$

$\alpha = 0.05$

手順 2　正規分布への近似条件の検討

$nP_0 = 500 \times 0.040 = 20 > 5$

$n(1 - P_0) = 500 \times (1 - 0.04) = 500 \times 0.96 = 480 > 5$

これより，正規分布への近似条件が成り立つ．以下，正規分布への直接近似により検定・推定を行う．

手順 3　棄却域の設定

$R : u_0 \leqq -u(2\alpha) = -u(0.10) = -1.645$

手順 4　検定統計量の計算

母不適合品率 $p = \dfrac{x}{n} = \dfrac{10}{500} = 0.020$

検定統計量 $u_0 = \dfrac{p - P_0}{\sqrt{P_0(1-P_0)/n}} = \dfrac{0.020 - 0.040}{\sqrt{0.040(1-0.040)/500}} = -2.282$

手順 5　判定

$u_0 = -2.282 < -u(0.10) = -1.645$

以上より，有意である．すなわち，有意水準 5% で母不適合品率は減少したといえる．

手順 6　母不適合品率の推定

点推定：

$$\hat{P} = p = \frac{10}{500} = 0.020$$

信頼率 95%の区間推定：

$$p \pm u(0.05)\sqrt{\frac{p(1-p)}{n}} = 0.020 \pm 1.960\sqrt{\frac{0.020(1-0.020)}{500}}$$

$$= 0.0077,\ 0.0323$$

第 4 章　検定と推定

3. 2つの母不適合品率の検定と推定

2つの母集団を対象とした母不適合品率 P に関する検定と推定の手順を，例題4.9に示す．

例題 4.9

自動車部品のプーリーをA，Bの2種類の設備で製造している．従来，このプーリーの設備による不適合品率に違いはなく，納入先からも特にクレームはなかった．しかし，客先の精度に関する要求スペックが精密要件となり厳しくなったことで不良返品が増えてきた．

今回，A設備で作られたプーリーとB設備で作られたプーリーの不適合品率に違いがあるのではないかという意見が出されたので，各設備からそれぞれ600個抜き取って調べたところ，A設備では30個，B設備では60個の不適合品があった．設備によって，プーリーの母不適合品率に違いがあるかどうかを調査する．

【解答 4.9】

2つの母不適合品率に関する検定で，母不適合品率に差があるかどうかを検定したい両側検定の場合である．

手順1　仮説の設定と有意水準

$$H_0 : P_A = P_B$$

$$H_1 : P_A \neq P_B$$

$$\alpha = 0.05$$

手順2　正規分布への近似条件の検討

$$x_A = 30 > 5,\ n_A - x_A = 600 - 30 = 570 > 5$$

$$x_B = 60 > 5,\ n_B - x_B = 600 - 60 = 540 > 5$$

これにより，正規分布への近似条件が成り立つので．正規分布への直接近似法により検定・推定を行う．

手順3　棄却域の設定

$$R : |u_0| \geqq u(0.05) = 1.960$$

手順4　検定統計量の計算

不適合品率 $p_A=\dfrac{x_A}{n_A}=\dfrac{30}{600}=0.0500$, $p_B=\dfrac{x_B}{n_B}=\dfrac{60}{600}=0.100$

$$\bar{p}=\frac{x_A+x_B}{n_A+n_B}=\frac{30+60}{600+600}=0.0750$$

検定統計量 $u_0=\dfrac{p_A-p_B}{\sqrt{\bar{p}(1-\bar{p})\left(\dfrac{1}{n_A}+\dfrac{1}{n_B}\right)}}=\dfrac{0.0500-0.100}{\sqrt{0.0750(1-0.0750)\times\left(\dfrac{1}{600}+\dfrac{1}{600}\right)}}$

$$=-3.288$$

手順 5　判定

$$|u_0|=3.288>u(0.05)=1.960$$

以上より，有意で**ある**．すなわち，有意水準 5% で A，B 設備のプーリーの母不適合品率は異なると**いえる**．

手順 6　母不適合品率の推定

点推定：

$$\hat{P}_A-\hat{P}_B=p_A-p_B=0.0500-0.1000=-0.0500$$

信頼率 95%の区間推定：

$$(p_A-p_B)\pm u(0.05)\sqrt{\frac{p_A(1-p_A)}{n_A}+\frac{p_B(1-p_B)}{n_B}}$$

$$=-0.0500\pm1.960\times\sqrt{\frac{0.0500(1-0.0500)}{600}+\frac{0.100(1-0.1000)}{600}}$$

$$=-0.0797,\ -0.0203$$

4. 母不適合数に関する検定と推定

1 つの母不適合数 λ に関する検定と推定の手順を，例題 4.10 に示す．

例題 4.10

あるラインで製造される汎用性液晶の不適合数（点欠点）は従来 1 インチ当たり平均 5.0 個であった．競合相手の製品価格を比較すると不適合数を減少させることで価格競争力があると思われたので，今回，製造工程の改善活動を行い，試作品 10 インチ分を検査したところ，20 個であった．改善活動により，汎用性液晶の母不適合数が低減したかどうかを調査する．

【解答 4.10】

手順 1　仮説の設定と有意水準

H_0：$\lambda = \lambda_0$　($\lambda_0 = 5.0$)

H_1：$\lambda < \lambda_0$

$\alpha = 0.05$

手順 2　正規分布への近似条件の検討

$n\lambda_0 = 10 \times 5.0 = 50.0 > 5$

これにより，正規分布への近似条件が成り立つ．正規分布への直接近似により検定・推定を行う．

手順 3　棄却域の設定

R：$u_0 \leqq -u(2\alpha) = -u(0.10) = -1.645$

手順 4　検定統計量の計算

母不適合数 $\hat{\lambda} = \dfrac{T}{n} = \dfrac{20}{10} = 2.00$

検定統計量 $u_0 = \dfrac{\hat{\lambda} - \lambda_0}{\sqrt{\lambda_0/n}} = \dfrac{2.00 - 5.0}{\sqrt{5.0/10}} = -4.243$

手順 5　判定

$u_0 = -4.243 < -u(0.10) = -1.645$

以上より，有意で**ある**．すなわち，有意水準 5% で母不適合数は減少したと**いえる**．

手順 6　母不適合数の推定

点推定：

$\hat{\lambda} = 2.00$

信頼率 95%の区間推定：

$$\hat{\lambda} \pm u(0.05)\sqrt{\frac{\hat{\lambda}}{n}} = 2.00 \pm 1.960 \times \sqrt{\frac{2.00}{10}} = 1.12,\ 2.88$$

5. 2つの母不適合数の違いに関する検定と推定

2つの対象とする母集団の母不適合品率 λ_A と λ_B に関する検定と推定の手順を，例題 4.11 に示す．

例題 4.11

電器製品の2つの組立工場がある．最近，この2つの組立工場でライン停止の回数が異なるのではないかとの指摘があった．そこで，過去の状況を調査したところ，A工場では10カ月間で10回ライン停止があり，B工場では15カ月間で21回のライン停止があった．A，B工場により，ライン停止回数に違いがあるかどうかを調査する．

【解答 4.11】

2つの母不適合数に関する検定で，母不適合数に差があるかどうかを検定したい両側検定の場合である．

手順 1　仮説の設定と有意水準

H_0：$\lambda_A = \lambda_B$

H_1：$\lambda_A \neq \lambda_B$

$\alpha = 0.05$

手順 2　正規分布への近似条件の検討

$T_A = 10 > 5$，$T_B = 21 > 5$

これにより，正規分布への近似条件が成り立つ．正規分布への直接近似により検定・推定を行う．

手順 3　棄却域の設定

R：$|u_0| \geqq u(\alpha) = u(0.05) = 1.960$

手順 4　検定統計量の計算

母不適合数 $\hat{\lambda}_A = \dfrac{T_A}{n_A} = \dfrac{10}{10} = 1.00$，$\hat{\lambda}_B = \dfrac{T_B}{n_B} = \dfrac{21}{15} = 1.40$

$$\hat{\lambda} = \frac{T_A + T_B}{n_A + n_B} = \frac{10 + 21}{10 + 15} = 1.24$$

検定統計量 $u_0 = \dfrac{\hat{\lambda}_A - \hat{\lambda}_B}{\sqrt{\hat{\lambda}\left(\dfrac{1}{n_A} + \dfrac{1}{n_B}\right)}} = \dfrac{1.00 - 1.40}{\sqrt{1.24 \times \left(\dfrac{1}{10} + \dfrac{1}{15}\right)}} = -0.880$

手順 5　判定

$|u_0| = 0.880 < u(0.05) = 1.960$

以上より，有意で**ない**．すなわち，有意水準5%でA，B工場の**ライン停止回**

数に差があるとは**いえない**.

手順 6　母不適合数の差の推定

点推定：

$$\hat{\lambda}_A - \hat{\lambda}_B = 1.00 - 1.40 = -0.400$$

信頼率 95%の区間推定：

$$(\hat{\lambda}_A - \hat{\lambda}_B) \pm u(0.05)\sqrt{\frac{\hat{\lambda}_A}{n_A}+\frac{\hat{\lambda}_B}{n_B}} = -0.400 \pm 1.960 \times \sqrt{\frac{1.00}{10}+\frac{1.40}{15}}$$

$$= -1.262,\ 0.462$$

6. 分割表による検定

計数値のデータを二元表にまとめた表を**分割表**という．この分割表から，行と列の分類項目に関係があるかについて検定を行う．分割表による検定の手順を，例題 4.12 に示す．

例題 4.12

陶器皿を 3 つの工場（A，B，C）で製造している．最近 3 つの工場の経過年数から機器メンテナンスに関わる老朽化が指摘され，適合品，不適合品の出方について違いがないかどうかについて調査することとなり，表 4.11 の結果を得た．3 つの工場（A，B，C）によって，適合品，不適合品の出方に違いがあるかどうかを調査する．

表 4.11　データ表

	適合品	不適合品	計
A 工場	90	10	100
B 工場	80	20	100
C 工場	70	30	100
計	240	60	300

【解答 4.12】

手順 1　仮説の設定と有意水準

H_0：工場によって適合品・不適合品の出方に違いが**ない**

H_1：工場によって適合品・不適合品の出方に違いが**ある**

$\alpha = \mathbf{0.05}$

手順 2　棄却域の設定

$\phi = (l-1)(m-1) = (3-1)\times(2-1) = 2$

$R：\chi_0^2 \geqq \chi^2(\phi,\ \alpha) = \chi^2(2,\ 0.05) = 5.99$

手順 3　期待度数 t_{ij} と検定統計量 χ_0^2 の計算

$l \times m(3 \times 2)$分割表なので，表 4.12 のようになる．

表 4.12　データ表

	適合品	不適合品	計
A 工場 B 工場 C 工場	x_{11} x_{21} x_{31}	x_{11} x_{22} x_{32}	$T_{1\cdot}$ $T_{2\cdot}$ $T_{3\cdot}$
計	$T_{\cdot 1}$	$T_{\cdot 2}$	T

$$\chi_0^2 = \sum_{i=1}^{3}\sum_{j=1}^{2}\frac{(x_{ij}-t_{ij})^2}{t_{ij}}$$

ただし，**期待度数**は $t_{ij} = \dfrac{T_{i\cdot}\times T_{\cdot j}}{T}$ より，

$$t_{11} = \frac{T_{1\cdot}\times T_{\cdot 1}}{T} = \frac{\mathbf{100\times240}}{\mathbf{300}} = \mathbf{80},\quad t_{12} = \frac{T_{1\cdot}\times T_{\cdot 2}}{T} = \frac{\mathbf{100\times60}}{\mathbf{300}} = \mathbf{20},$$

$$t_{21} = \frac{T_{2\cdot}\times T_{\cdot 1}}{T} = \frac{\mathbf{100\times240}}{\mathbf{300}} = \mathbf{80},\quad t_{22} = \frac{T_{2\cdot}\times T_{\cdot 2}}{T} = \frac{\mathbf{100\times60}}{\mathbf{300}} = \mathbf{20},$$

$$t_{31} = \frac{T_{3\cdot}\times T_{\cdot 1}}{T} = \frac{\mathbf{100\times240}}{\mathbf{300}} = \mathbf{80},\quad t_{32} = \frac{T_{3\cdot}\times T_{\cdot 2}}{T} = \frac{\mathbf{100\times60}}{\mathbf{300}} = \mathbf{20}$$

となり，よって，

検定統計量 $\chi_0^2 = \dfrac{\mathbf{(90-80)^2}}{\mathbf{80}} + \dfrac{\mathbf{(10-20)^2}}{\mathbf{20}} + \dfrac{\mathbf{(80-80)^2}}{\mathbf{80}} + \dfrac{\mathbf{(20-20)^2}}{\mathbf{20}}$

第4章　検定と推定

$$+\frac{(70-80)^2}{80}+\frac{(30-20)^2}{20}=12.50$$

となる．この計算を表に整理すると，表 4.13，表 4.14 となる．

表 4.13　t_{ij} 表

	適合品	不適合品	計
A 工場	80	20	100
B 工場	80	20	100
C 工場	80	20	100
計	240	60	300

表 4.14　$\chi_0^{\ 2}(=(x_{ij}-t_{ij})\ /t_{ij})$表

	適合品	不適合品	計
A 工場	1.25	5.00	6.25
B 工場	0	0	0
C 工場	1.25	5.00	6.25
計	2.50	10.00	12.50

手順 4　判定と結論

$$\chi_0^{\ 2}=\mathbf{12.50}>\chi^2(\mathbf{2},\ \mathbf{0.05})=\mathbf{5.99}$$

となり，有意で**ある**．A，B，C 工場によって適合品・不適合品の出方に違いがあると**いえる**．

これができれば合格！

- 例題を読んで，どの手法を適用したらよいか，片側検定，両側検定に関する理解
- 計量値と計数値の検定と推定に関する理解
- 適用する分布と検定統計量，棄却域に関する理解
- 1 つの母集団と 2 つの母集団に関する理解
- データに対応がある，ないに関する理解
- 母不適合品率と母不適合数の違いに関する検定と推定
- 分割表の検定

第5章

管理図

管理図は，工程が管理状態にあるか否かを判断するための有用な道具であり，工程解析や工程管理の手法として広く使われている.

本章では，“ 管理図 ”について学び，下記のことができるようにしておいてほしい.

- 管理図の使用目的，原理の説明
- 目的に応じた適切な管理図の選択
- $\overline{X}-R$ 管理図，$\overline{X}-s$ 管理図，$X-R_m$ 管理図，p 管理図，np 管理図，u 管理図，c 管理図の管理線の計算と作図
- 管理図の見方と統計的管理状態の判定方法の説明

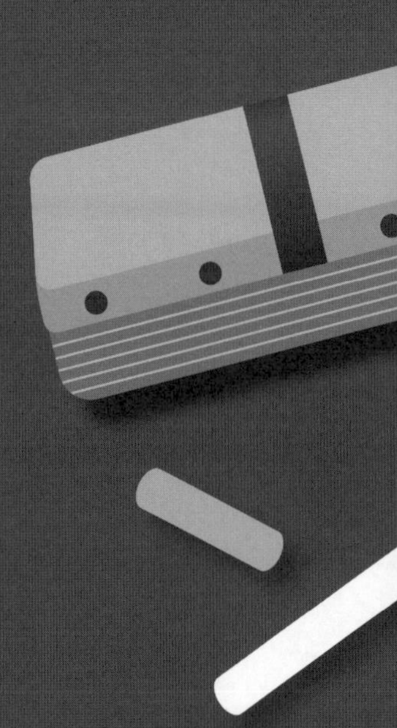

05-01 管理図の種類

重要度 ●●●
難易度 ■■□

1. 管理図とは

管理図は，縦軸に特性値，横軸に連続した観測値，通常は時間順，またはサンプル番号順にとり，工程が管理された状態(**統計的管理状態**)にあるかどうかを調べるため(**工程解析**)，あるいは工程を管理された状態に維持するため(**工程管理**)に用いる道具である.

管理図は，工程の異常を検出することを目的として，**シューハート**(W. A. Shewhart)によって考案されたものである．管理図は，工程の異常を検出するための道具で，工程が偶然原因によってのみばらつく状態である場合を**統計的管理状態**(工程は**統計的**に**管理**されている)という.

工程において品質のばらつきをもたらす原因には多くのものがある．これらの原因を大きく分けると，**偶然原因**と**異常原因**がある.

(1)　**偶然原因**によるばらつき

いつもと同じ方法で仕事をしていても生じる**避けることができない**ばらつき.

(2)　**異常原因**によるばらつき

工程に何かの異常が発生して生じる**見逃すことのできない**ばらつき.

管理図では，工程が**管理状態**であるかどうかを見極めるための判断基準として**管理限界**を設定する．管理限界は，

(**平均値**)±３×(**標準偏差**)

によって計算される．このような管理図を**3 シグマ法**の管理図という.

すべての点が**管理限界内**にあり，点の並び方に**クセ**のないとき，工程が**管理状態**であると判断する.

2. 管理図の種類

管理図には，**計量値**の管理図と**計数値**の管理図がある．また，使用目的によっても分類される(表 5.1).

表 5.1　主な管理図の種類

分類	特性値	群	管理図
計量値の管理図	計量的特性値	群の大きさ　$n \leqq 9$ （目安）	**平均値と範囲の管理図** $\overline{X}-R$ **管理図**
		群の大きさ　$n \geqq 10$ （目安）	**平均値と標準偏差の管理図** $\overline{X}-s$ **管理図**
		群の大きさ　$n = 1$	**個々のデータの管理図** X **管理図**
計数値の管理図	不適合品数	群の大きさが一定ではない	**不適合品率の管理図** p **管理図**
		群の大きさが一定である	**不適合品数の管理図** np **管理図**
	不適合数	群の大きさが一定でない	**単位当たりの不適合数の管理図** u **管理図**
		群の大きさが一定である	**不適合数の管理図** c **管理図**

1)　解析用管理図

品質特性とこれに影響を与えている工程のさまざまな要因について，定量的に把握することを工程解析という．解析用管理図は，工程解析を目的に，現在の工程が管理状態にあるかどうかを調べたり，原材料別，製造方法別，設備別などに層別したデータをもとに層間の違いを調べたりするために用いる．

2)　管理用管理図

工程解析がある程度進み，必要な処置が取られて，工程が管理状態にある場合，このよい状態を維持するために用いられる管理図をいう．

すでに求めた管理線を延長し，新たに得られた群ごとのデータを逐次打点して，管理状態にあるかどうかを判断する．

05-02 解析用管理図の作り方

重要度 ●●●
難易度 ■■□

1．計量値の管理図の作り方

(1) $\overline{X}-R$ 管理図の作り方

$\overline{X}-R$ 管理図は，長さ，重量，収率などの計量値について群内のばらつきの群ごとの変動を管理・解析する **R 管理図**と，工程平均の群ごとの変動を管理・解析する **$\overline{X}$ 管理図**よりなっている．

手順１　データを収集し，群分けする

群分けは，群内がなるべく均一になるように，同一製造日，同一ロットなどで群分けし，同じ群内に異質なデータが入らないようにする．群の大きさは通常 **2 ～ 5** 程度とする．また，群の数 k は **20 ～ 30** とするのが適当である．

手順２　群ごとの平均値 $\overline{X}$ と範囲 R を計算する

$$\overline{X}_i = \frac{(\text{群内のデータの合計})}{(\text{群の大きさ})} = \frac{\sum X_i}{n}$$

$$R_i = (\text{群内のデータの最大値}) - (\text{群内のデータの最小値}) = X_{i\,\max} - X_{i\,\min}$$

手順３　すべてのデータの総平均値 $\overline{\overline{X}}$ と範囲の平均値 $\overline{R}$ を計算する

$$\overline{\overline{X}} = \frac{(\text{群ごとの平均値の合計})}{(\text{群の数})} = \frac{\sum \overline{X}_i}{k}$$

$$\overline{R} = \frac{(\text{群ごとの範囲の合計})}{(\text{群の数})} = \frac{\sum R_i}{k}$$

手順４　管理線を計算する

$\overline{X}$ 管理図の管理線は測定値の 2 桁下まで，R 管理図の管理線は測定値の 1 桁下まで求める．

$\overline{X}$ 管理図の管理線

中心線　$CL = \overline{\overline{X}}$

上側管理限界　$UCL = \overline{\overline{X}} + A_2\overline{R}$

下側管理限界　$LCL = \overline{\overline{X}} - A_2\overline{R}$

R 管理図の管理線

中心線　$CL = \overline{R}$

上側管理限界　$UCL = D_4\overline{R}$

下側管理限界　$LCL = D_3\overline{R}$

A_2, D_3, D_4 は群の大きさ n によって決まる定数で，表 5.2 の係数表より求める．なお，D_3 の値は，n が 6 以下のときは示されない．

注 1）上側管理限界を上部管理限界または上方管理限界，下側管理限界を下部管理限界または下方管理限界ともいう．

注 2）管理用管理図では，**標準値**によって管理線を計算する場合がある．例えば，$\overline{X}$−R 管理図において標準値が平均値 μ_0，標準偏差 σ_0 と与えられた場合，$\overline{X}$ 管理図の管理限界は $\mu_0 \pm \frac{3}{\sqrt{n}}\sigma_0$ となる．

表 5.2　管理図係数表(1)

大きさ n	$\overline{X}$ 管理図			R 管理図						X 管理図
	A	A_2	A_3	D_1	D_2	D_3	D_4	d_2	d_3	E_2
2	2.121	1.880	2.659	−	3.686	−	3.267	1.128	0.853	2.659
3	1.732	1.023	1.954	−	4.358	−	2.575	1.693	0.888	1.772
4	1.500	0.729	1.628	−	4.698	−	2.282	2.059	0.880	1.457
5	1.342	0.577	1.427	−	4.918	−	2.114	2.326	0.864	1.290
6	1.225	0.483	1.287	−	5.078	−	2.004	2.534	0.848	1.184
7	1.134	0.419	1.182	0.205	5.469	0.076	1.924	2.704	0.833	1.109
8	1.061	0.373	1.099	0.387	5.394	0.136	1.864	2.847	0.820	1.054
9	1.000	0.337	1.032	0.546	5.307	0.184	1.816	2.970	0.808	1.010
10	0.949	0.308	0.975	0.687	5.203	0.223	1.777	3.078	0.797	0.975

注）−は考慮しないことを示す．

手順５　管理図を作成する

左端縦軸に $\overline{X}$ と R の値をとり，横軸に群番号や測定日をとる．中心線は実線，管理限界線は破線を用いる．

手順６　群番号順に各群の $\overline{X}$ と R の値をプロットする

$\overline{X}$ の点は（•）とし，R の点は（×）とする．限界外の点は○で囲んでわかりやすくする．群の大きさ n を記入する．その他，必要な項目を記入する．

図 5.1 に $\overline{X}$−R 管理図の例を示す．

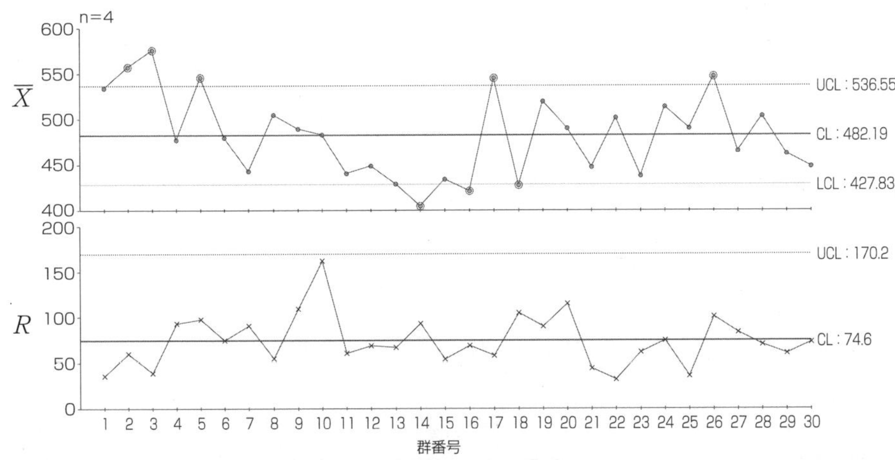

図 5.1　$\overline{X}$−R 管理図

例題 5.1

群の大きさ $n = 6$ の $\overline{X}$−R 管理図において，$\overline{X}$ 管理図の管理限界および R 管理図の管理限界を求めよ．ただし，$\overline{\overline{X}} = 42.15$，$\overline{R} = 2.03$ とする．

【解答 5.1】

$\overline{X}$ 管理図の管理限界

上側管理限界　$UCL = \overline{\overline{X}} + A_2\overline{R} = \mathbf{42.15+0.483\times2.03 = 43.13}$

下側管理限界　$LCL = \overline{\overline{X}} - A_2\overline{R} = \mathbf{42.15-0.483\times2.03 = 41.17}$

R 管理図の管理限界

上側管理限界　$UCL = D_4\overline{R} = \mathbf{2.004\times2.03 = 4.1}$

下側管理限界　$LCL = D_3\overline{R}$ →　**示されない（n が 6 以下の場合）**

(2)　$\overline{X}-s$ 管理図の作り方

$\overline{X}-s$ **管理図**は $\overline{X}-R$ 管理図の範囲 R の代わりに，各群のデータから計算された**標準偏差** s を用いる管理図である．群の大きさが大きくなると範囲 R の精度が悪くなるので，標準偏差を用いるほうがよい．

手順１　データを収集し，群分けする

群内がなるべく均一になるように群分けする．群の大きさは **10** を超えてもよい．

手順２　群ごとの平均値 $\overline{X}$ と標準偏差 s を計算する

$$\overline{X}=\frac{(\text{群内のデータの合計})}{(\text{群の大きさ})}=\frac{\sum X_i}{n}$$

$$s=\sqrt{\frac{(\text{群内の平方和})}{(\text{群の大きさ})-1}}=\sqrt{\frac{\sum (X_i-\overline{X})^2}{n-1}}=\sqrt{\frac{\sum X_i^2-\left(\sum X_i\right)^2/n}{n-1}}$$

手順３　すべてのデータの総平均値 $\overline{\overline{X}}$ と標準偏差の平均値 $\overline{s}$ を計算する

$$\overline{\overline{X}}=\frac{(\text{個々のデータの合計})}{(\text{群の大きさ})\times(\text{群の数})}=\frac{\sum\sum X}{nk}$$

$$\overline{s}=\frac{(\text{各群の標準偏差の合計})}{(\text{群の数})}=\frac{\sum s}{k}$$

手順４　管理線を計算する

$\overline{X}$ 管理図の管理線は測定値の２桁下まで，s 管理図の管理線は測定値の３桁下まで求める．

$\overline{X}$ 管理図の管理線

中心線	$CL=\overline{\overline{X}}$
上側管理限界	$UCL=\overline{\overline{X}}+A_3\overline{R}$
下側管理限界	$LCL=\overline{\overline{X}}-A_3\overline{R}$

s 管理図の管理線

中心線	$CL=\overline{s}$
上側管理限界	$UCL=B_4\overline{s}$

下側管理限界　　$LCL = B_3\bar{s}$

A_3, B_3, B_4は群の大きさnによって決まる定数で，表5.3の係数表より求める.

手順５　管理図を作成する

左端縦軸に$\overline{X}$とsの値をとり，管理線を記入し，各群の$\overline{X}$とsの値をプロットする．群の大きさnを記入する.

表 5.3　管理図係数表(2)

大きさ n	$\overline{X}$ 管理図	s 管理図	
	A_3	B_3	B_4
2	2.659	−	3.267
3	1.954	−	2.568
4	1.628	−	2.266
5	1.427	−	2.089
6	1.287	0.030	1.970
7	1.182	0.118	1.882
8	1.099	0.185	1.815
9	1.032	0.239	1.761
10	0.975	0.284	1.716
11	0.927	0.321	1.679
12	0.886	0.354	1.646
13	0.850	0.382	1.618
14	0.817	0.406	1.594
15	0.789	0.428	1.572
16	0.763	0.448	1.552
17	0.739	0.466	1.534
18	0.718	0.482	1.518
19	0.698	0.497	1.503
20	0.680	0.510	1.490

注）－は考慮しないことを示す.

例題 5.2

群の大きさ$n = 15$の$\overline{X}-s$管理図において，$\overline{X}$管理図の管理限界およびs管理図の管理限界を求めよ．ただし，$\overline{\overline{X}} = 21.31$，$\bar{s} = 2.324$とする.

【解答 5.2】

$\overline{X}$管理図の管理限界

上側管理限界　$UCL = \overline{\overline{X}} + A_3\overline{s} = 21.31+0.789\times2.324 = 23.14$

下側管理限界　$LCL = \overline{\overline{X}} - A_3\overline{s} = 21.31+0.789\times2.324 = 19.48$

s 管理図の管理限界

上側管理限界　$UCL = B_4\overline{s} = 1.572\times2.324 = 3.653$

下側管理限界　$LCL = B_3\overline{s} = 0.428\times2.324 = 0.995$

(3)　X 管理図($X-R_m$ 管理図)の作り方

X 管理図は，$\overline{X}-R$ 管理図のように**群分けをせず**，1 点ずつ打点していく管理図である．

1 つのロットから得られるデータが 1 個しかないか，データが得られる間隔が長い場合などに用いられ，データをそのまま 1 点ずつ打点する．

X 管理図の作り方には，**移動範囲**から管理線を求める方法($X-R_m$ 管理図)とデータを**群分け**して管理線を求める方法($X-\overline{X}-R$ 管理図)があるが，ここでは前者の方法を説明する．

注）$X-R_m$ 管理図は $X-R_s$ 管理図と表記されることがある．

手順 1　データを収集する

データを収集し時間順に並べる．

手順 2　移動範囲 R_m を求める

一般に $n=2$ の移動範囲を用いる．**$n=2$ の移動範囲**とは，**隣り合う 2 つのデータの範囲**であり，最初と 2 番目のデータの差，2 番目と 3 番目のデータの差などの絶対値をいう．下記の式で求める．

$$R_{m_i} = |(i\text{ 番目のデータ}) - (i\text{ 番目より 1 つ前のデータ})| = |X_i - X_{i-1}|$$

$$(i = 2,\ 3,\ 4,\ 5,\ \cdots,\ k)$$

手順 3　平均値 $\overline{X}$ と移動範囲の平均値 $\overline{R}_m$ を計算する

$$\overline{X} = \frac{(\text{個々のデータの合計})}{(\text{群の数})} = \frac{\sum X_i}{k}$$

$$\overline{R}_m = \frac{(\text{移動範囲の合計})}{(\text{群の数}-1)} = \frac{\sum R_{m_i}}{(k-1)}$$

手順 4　管理線を計算する

X 管理図の管理線は測定値の 1 桁下まで，R_m 管理図の管理線は測定値の 1 桁下まで求める．

X 管理図の管理線

中心線　　$CL = \overline{X}$

上側管理限界　$UCL = \overline{X} + E_2\overline{R}_m = \overline{X} + \mathbf{2.659}\overline{R}_m$

下側管理限界　$LCL = \overline{X} - E_2\overline{R}_m = \overline{X} - \mathbf{2.659}\overline{R}_m$

R_m 管理図の管理線

中心線　　$CL = \overline{R}_m$

上側管理限界　$UCL = D_4\overline{R}_m = \mathbf{3.267}\overline{R}_m$

下側管理限界　$LCL = D_3\overline{R}_m \rightarrow$　示されない

E_2，D_3，D_4 は群の大きさ $n = \mathbf{2}$ のときの定数である．表 5.2 の係数表に示されている．

手順 5　管理図を作成する

左端縦軸に X と R_m の値をとり，管理線を記入し，X と R_m の値をプロットする．

例題 5.3

$X-R_m$ 管理図管理図において，X 管理図の管理限界および R_m 管理図の管理限界を求めよ．ただし，$\overline{X} = 41.5$，$\overline{R}_m = 2.3$ とする．

第5章 管理図

【解答 5.3】

X 管理図の管理限界

上側管理限界　$UCL = \overline{X} + E_2\overline{R}_m = \overline{X} + \mathbf{2.659}\overline{R}_m$

$= \mathbf{41.5+2.659\times2.3 = 47.6}$

下側管理限界　$LCL = \overline{X} - E_2\overline{R}_m = \overline{X} - \mathbf{2.659}\overline{R}_m$

$= \mathbf{41.5-2.659\times2.3 = 35.4}$

R_m 管理図の管理限界

上側管理限界　$UCL = D_4\overline{R}_m = \mathbf{3.267}\overline{R}_m = \mathbf{3.267\times2.3 = 7.5}$

下側管理限界　$LCL = D_3\overline{R}_m \rightarrow$　**示されない**

2. 計数値の管理図の作り方

計数値の管理図には，不適合品率・不適合品数の管理図である p **管理図**，np **管理図**がある．それぞれ不適合品率，不適合品数の管理図であるが，製品などが 1 個ごとに適合品，不適合品と判定される場合に，群の大きさ n_i が一定の場合には np **管理図**，そうでない場合には p **管理図**を用いる．

また，不適合数の管理図として，c **管理図**，u **管理図**がある．群の大きさが一定の場合には c **管理図**，そうでない場合には u **管理図**を用いる．

(1) p 管理図の作り方

群の大きさ n_i が群ごとに**異なる場合**には，各群ごとの**不適合品率**を管理図に打点する．**不適合品率**の群ごとの変動を管理，解析する場合に用いる．

手順 1 データを収集する

群の大きさ（検査個数）n と不適合品数 np のデータを 20 ～ 30 群集める．

手順 2 群ごとの不適合品率 p_i を計算する

$$p_i = \frac{（\text{各群の不適合品数}）}{（\text{各群の大きさ}）} = \frac{(np)_i}{n_i}$$

手順 3 平均不適合品率 $\overline{p}$ を計算する

$$\overline{p} = \frac{（\text{各群の不適合品数の合計}）}{（\text{各群の大きさの合計}）} = \frac{\sum (np)_i}{\sum n_i}$$

手順 4 管理線を計算する

p 管理図の管理線

中心線　$CL = \overline{p}$

上側管理限界　$UCL = \overline{p} + 3\sqrt{\dfrac{\overline{p}(1-\overline{p})}{n_i}}$

下側管理限界　$LCL = \overline{p} - 3\sqrt{\dfrac{\overline{p}(1-\overline{p})}{n_i}}$

注 1）p 管理図の管理限界は**群の大きさ**によって異なるので，**群の大きさ**ごとに管理限界線を計算する必要がある．ただし，n の変化が少ない場合（$\overline{p}$ に対し 0.5 〜 1.5 倍以下)には n の平均値 $\bar{n}$ を用いて管理限界線を計算することがある.

注 2) LCL が負の値になる場合は下側管理限界は考えない.

手順 5　管理図を作成する

各群の不適合品率を打点し，各群の大きさに対応した管理線を記入する.

例題 5.4

群の大きさ n が 100 〜 200 で群ごとに異なっている p 管理図について，群の大きさ $n = 180$ である群の管理限界を求めよ．ただし，$\bar{p} = 0.045$ とする.

【解答 5.4】

上側管理限界 $UCL = \bar{p} + 3\sqrt{\dfrac{\bar{p}(1-\bar{p})}{n_i}}$

$$= 0.045 + 3 \times \sqrt{\frac{0.045(1-0.045)}{180}} = 0.091$$

下側管理限界 $LCL = \bar{p} - 3\sqrt{\dfrac{\bar{p}(1-\bar{p})}{n_i}}$

$$= 0.045 - 3 \times \sqrt{\frac{0.045(1-0.045)}{180}} = 0.001$$ →考えない

(2)　np 管理図の作り方

各群の大きさ n_i が**一定の場合**にのみ，用いることができる．このとき，各群ごとの**不適合品数** $r_i = (np)_i$ そのものを管理図に打点する.

手順 1　データを収集し，群分けする

群の大きさ(検査個数)n と不適合品数 np のデータを 20 〜 30 群集める.

手順 2　平均不適合品率 $\bar{p}$ を計算する

$$\bar{p} = \frac{(\text{不適合品数の合計})}{(\text{群の大きさの合計})} = \frac{\sum (np)_i}{\sum n_i}$$

手順 3　管理線を計算する

np 管理図の管理線

中心線　$CL = n\bar{p}$

上側管理限界　$UCL = n\bar{p} + 3\sqrt{n\bar{p}(1-\bar{p})}$

下側管理限界　$LCL = n\bar{p} - 3\sqrt{n\bar{p}(1-\bar{p})}$

注）LCL が負の値になる場合は下側管理限界は考えない.

手順 4　管理図を作成する

各群の不適合品数を打点し，管理線と群の大きさを記入して，np 管理図を作成する.

例題 5.5

群の大きさ $n = 180$ で一定である np 管理図について管理限界を求めよ. ただし，$\bar{p} = 0.045$ とする.

【解答 5.5】

上側管理限界　$UCL = n\bar{p} + 3\sqrt{n\bar{p}(1-\bar{p})}$

$= 180 \times 0.045 + 3 \times \sqrt{180 \times 0.045(1-0.045)}$

$= 16.4$

下側管理限界　$UCL = n\bar{p} - 3\sqrt{n\bar{p}(1-\bar{p})}$

$= 180 \times 0.045 - 3 \times \sqrt{180 \times 0.045(1-0.045)}$

$= -0.2$ → **考えない**

(3)　u 管理図の作り方

製品中のきずの数や事故件数など**不適合数**の管理図である. 調査するサンプルの大きさである群の大きさ n_i が**群ごとに異なる場合**には，各群ごとに**単位当たりの不適合数**を管理図に打点し管理する.

手順 1　データを収集し，群分けを行う

群分けは 1 つの製品や検査のロットなど技術的に意味のあるものにする. その際，群の大きさ，すなわち不適合数を数える単位の数（例えば，製品の面積）が群によって一定でないときに適用する. 群の大きさ n と不適合数 c のデータを 20 ～ 30 群集める.

手順２　群ごとの単位当たりの不適合数 u を計算する

$$u_i = \frac{\text{（群内の不適合品数）}}{\text{（群の大きさ）}} = \frac{c_i}{n_i}$$

手順３　平均不適合数 $\bar{p}$ を計算する

$$\bar{u} = \frac{\text{（各群の不適合品数の合計）}}{\text{（各群の大きさの合計）}} = \frac{\sum c_i}{\sum n_i}$$

手順４　管理線を計算する

n 管理図の管理線

中心線　$CL = \bar{u}$

上側管理限界　$UCL = \bar{u} + 3\sqrt{\dfrac{\bar{u}}{n_i}}$

下側管理限界　$LCL = \bar{u} - 3\sqrt{\dfrac{\bar{u}}{n_i}}$

注 1）u 管理図の管理限界は**群の大きさ**によって異なるので，**群の大きさ**ごとに計算する必要がある．ただし，n の変化が少ない場合（$\bar{u}$ に対し 0.5 ～ 1.5 倍以下）には n の平均値 $\bar{n}$ を用いて管理限界線を計算することがある．

注 2）LCL が負の値になる場合は下側管理限界は考えない．

手順５　管理図を作成する

各群の単位当たりの不適合数 u_i を打点し，各群の大きさに対応した管理線を記入する．

例題 5.6

群の大きさ n が 10 ～ 20 で群ごとに異なっている u 管理図について，群の大きさ $n = 15$ である群の管理限界を求めよ．ただし，$\bar{u} = 0.300$ とする．

【解答 5.6】

上側管理限界　$UCL = \bar{u} + 3\sqrt{\dfrac{\bar{u}}{n_i}} = 0.300 + 3 \times \sqrt{\dfrac{0.300}{15}} = 0.724$

下側管理限界　$LCL = \bar{u} - 3\sqrt{\dfrac{\bar{u}}{n_i}} = 0.300 - 3 \times \sqrt{\dfrac{0.300}{15}}$

$= -0.124 \rightarrow$ **考えない**

(4) c 管理図の作り方

製品中のきずの数や事故件数など**不適合数**の管理図である．調査するサンプルの大きさである群の大きさが**一定の場合**に用いる．各群ごとの**不適合数**を管理図に打点し管理する．

手順 1　データを収集し，群分けする

一定の大きさの群，すなわち一定単位の中の不適合数のデータを収集する．群の数 k は 20 ～ 30 群集める．

手順 2　平均不適合数 $\bar{c}$ を計算する

$$\bar{c} = \frac{(\text{不適合品数の合計})}{(\text{群の数})} = \frac{\sum c_i}{k}$$

手順 3　管理線を計算する

c 管理図の管理線

中心線　$CL = \bar{c}$

上側管理限界　$UCL = \bar{c} + 3\sqrt{\bar{c}}$

下側管理限界　$LCL = \bar{c} - 3\sqrt{\bar{c}}$

注）LCL が負の値になる場合は下側管理限界は考えない．

手順 4　管理図を作成する

各群の不適合数 c_i を打点し，管理線を記入する．

例題 5.7

群の大きさが一定である c 管理図について管理限界を求めよ．ただし，$\bar{c} = 3.0$ とする．

【解答 5.7】

上側管理限界　$UCL = \bar{c} + 3\sqrt{\bar{c}} = 3.0 + 3 \times \sqrt{3.0} = 8.2$

下側管理限界　$LCL = \bar{c} - 3\sqrt{\bar{c}} = 3.0 - 3 \times \sqrt{3.0} = -2.2 \rightarrow$　**考えない**

例題 5.8

以下に示す各工程において，管理図を用いた調査や工程管理を実施したい．適切な管理図の名称を答えよ．

① 特殊部品の重要部分の寸法(mm)の変動を解析し管理したい．1 日当たりの製造個数が多いので毎日 12 個のサンプルを採取し，寸法を測定しデータとした．

日付	寸法 $_1$	寸法 $_2$	…	寸法 $_{12}$
1	102.23	102.26	…	102.32
2	102.56	102.28	…	102.29
3	102.32	102.29	…	102.37
⋮	⋮	⋮	⋮	⋮
30	102.24	102.33	…	102.36

② 樹脂部品の重量(g)の変動を解析し管理したい．1 日当たり 4 個のサンプルを採取し，重量を測定しデータとした．

日付	重量 $_1$	重量 $_2$	重量 $_3$	重量 $_4$
1	45.3	45.1	45.1	45.6
2	45.8	45.7	45.2	45.6
3	45.1	45.7	45.1	45.9
⋮	⋮	⋮	⋮	⋮
25	45.1	44.9	44.8	45.0

③ 大型部材の表面硬度（HV）の変動を解析し管理したい．1 日 1 個の製品を製造しており，硬度を測定しデータとした．

日付	硬度
1	302
2	310
3	315
⋮	⋮
40	301

④　プラスチック製容器を製造しているが，外観不良の調査を行い管理したい．毎日 400 個のサンプルを採取しサンプル中の不適合品数を数えてデータとした．

日付	不適合品数
1	5
2	1
3	3
⋮	⋮
30	7

⑤　化粧板を製造している．表面に打ちきずが発生しており調査を行いたい．毎日大きさ 8㎡の製品 2 枚を採取し打ちきずの数（不適合数）を数えてデータとした．

日付	不適合数
1	4
2	7
3	3
⋮	⋮
40	1

⑥　ガラスびんを製造している．気泡の発生があり調査を行いたい．日々の製造本数が異なるので検査個数も日によって異なっている．サンプル中の気泡の発生がある不適合品数を数えてデータとした．

日付	検査個数	不適合品数
1	320	5
2	300	4
3	280	3
⋮	⋮	⋮
25	350	5

⑦　金属板を製造している．すりきずの発生があり調査を行いたい．日々製造する金属板の大きさが異なるので検査する面積(m^2)が異なる．サンプル中のすりきずの数(不適合数)を数えてデータとした．

日付	検査面積	不適合数
1	12	2
2	18	6
3	24	5
⋮	⋮	⋮
25	16	2

【解答 5.8】

①　$\overline{X}-s$ 管理図

②　$\overline{X}-R$ 管理図

③　$\overline{X}-R_m$ 管理図

④　np 管理図

⑤　c 管理図

⑥　p 管理図

⑦　u 管理図

05-03 管理図の見方

重要度 ●●●
難易度 ■■□

1. 管理図の見方

工程の管理では，管理図によって工程が**統計的管理状態**であるかどうかを正しく判断することが重要であり，異常が発見された場合は，すぐにその原因を調査し，処置をとる必要がある．

(1) 統計的管理状態の判定

統計的管理状態とは，工程が偶然原因だけの影響を受ける場合のことをいう．
① 管理図の点が**管理限界内**にある．
② 点の並び方，ちらばり方に**クセ**がない
であれば，工程は管理状態と見なす．

$\overline{X}$ 管理図では，各群が同じ分布 $N(\mu_0,\ \sigma_0^2)$ に従っていれば安定状態と判断する．これは，各群の分布 $N(\mu_0,\ \sigma_0^2)$ について，帰無仮説 H_0：$\mu_i = \mu_0$ を検定していることになる．帰無仮説のもとで，n 個のサンプルから求めた $\overline{X}$ の分布は $N(\mu_0,\ \frac{\sigma_0^2}{n})$ となるので，$\overline{X}$ の値が $\mu_0 \pm 3\sqrt{\frac{\sigma_0^2}{n}}$ の範囲に入らない確率は，約 **0.3%**となる．これが 3 シグマ法の管理限界線である．

解析用 $\overline{X} - R$ 管理図における管理線は，

$$\hat{\mu}_0 = \overline{\overline{X}}$$

$$\hat{\sigma}_0 = \frac{\overline{R}}{d_2}$$

（σ_0 は，群内の変動だけと考える．d_2 は群の大きさによって決まる定数で表 5.2 に示している）

と推定して，

$$\overline{\overline{X}} \pm 3\frac{\overline{R}}{d_2}\sqrt{\frac{1}{n}}$$

と計算している．すなわち係数 A_2 は，

$$A_2 = 3\frac{1}{d_2}\sqrt{\frac{1}{n}}$$

である．

上記の説明は $\overline{X}-R$ 管理図の場合であるが，他の計量値の管理図でも同様の考え方から，

(**平均値**) ± 3 × (**標準偏差**)

の管理限界線を計算している．

また，計数値の管理図では，**二項分布**に従う不適合品数や不適合品率，**ポアソン分布**に従う不適合数をいずれも**正規分布**に近似することで表 5.4 のように管理限界線を求めている．

表 5.4　計数値の管理図の管理限界の求め方

計数値の管理図	**正規近似**した分布	管理限界 (**平均値**) ± 3 × (**標準偏差**)
不適合品率 p 管理図	$N(P,\ \frac{P(1-P)}{n})$	$\overline{p} \pm 3\sqrt{\frac{\overline{p}(1-\overline{p})}{n_i}}$
不適合品数 np 管理図	$N(nP,\ nP(1-P))$	$n\overline{p} \pm 3\sqrt{n\overline{p}(1-\overline{p})}$
不適合数 u 管理図	$N(\lambda, \frac{\lambda}{n})$	$\overline{u} \pm 3\sqrt{\frac{\overline{u}}{n_i}}$
不適合数 c 管理図	$N(\lambda, \lambda)$	$\overline{c} \pm 3\sqrt{\overline{c}}$

以上のように，3 シグマ法の管理図では，「工程に異常がないのに，異常があると判断してしまう誤り」は非常に小さく(約 **0.3**%)抑えてあるので，打点が**管理限界外**に出た場合は**異常がある**と判断してほぼ問題ない．しかし一方，「工程に異常があるのに，異常がないと判断してしまう誤り」もあるので，この誤りを小さくするために，点の並び方やちらばり方の**クセ**による判断を合わせて行う．

(2)　工程異常の判定のためのルール

JIS Z 9020-2：2016「管理図―第 2 部：シューハート管理図」[10)]では，**異常パターン**の例として以下に示すルールを示している．

① 管理図の点が**管理限界の外側**にある（ルール 1）

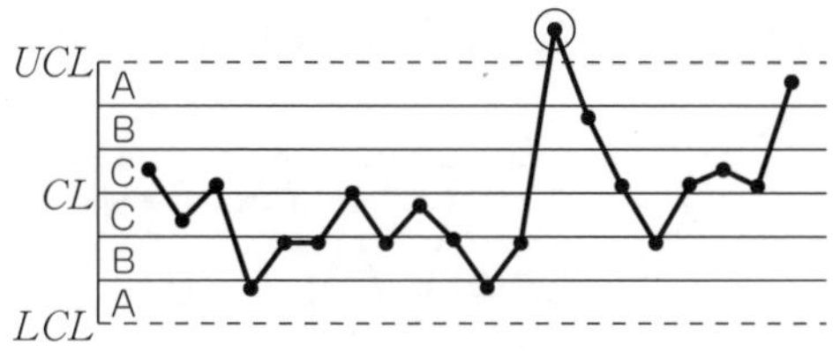

ルール 1：**1 つ**または**複数**の点が**ゾーン A を超えたところ**（**管理限界の外側**）にある

② 点が中心線に対して**同じ側に連続して表れる**場合（ルール 2）

点が中心線に対して同じ側に連続して並んだ状態を**連**といい，**連**を構成する点の数を**連の長さ**という．長さ **7** の**連**が表れた場合に異常と判断する．

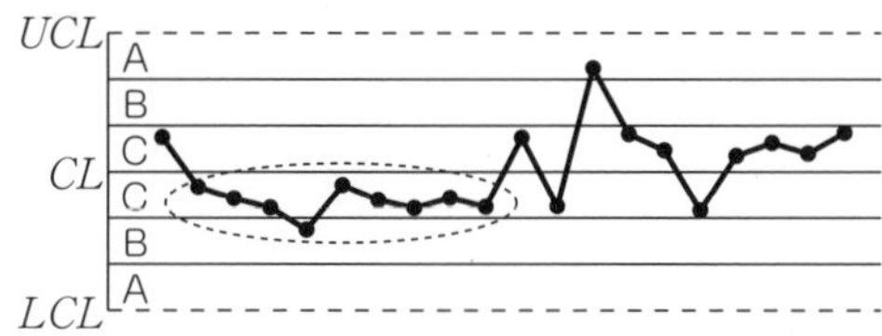

ルール 2：**連**—**中心線の片側の 7 つ以上**の連続する点

③ 点が**引き続き増加または減少している**場合（ルール 3）

点の並び方が，次々に前の点より大きくなる，または小さくなる場合，工程に**トレンド**（**傾向**）があると判断する．連続する **7** 点が増加または減少している場合に異常と判断する．

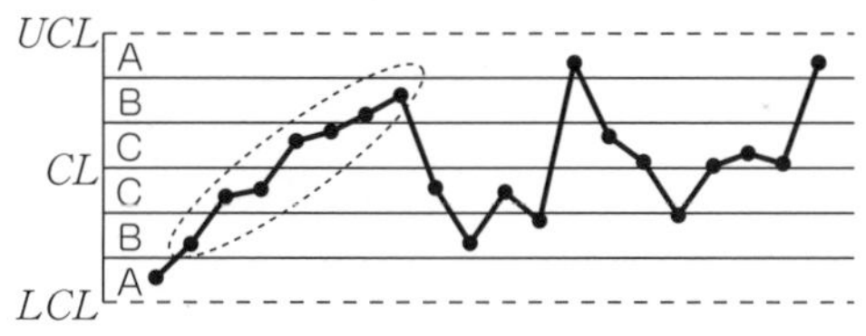

ルール 3：**トレンド**—全体的に**増加**または**減少**する**連続する 7 つの点**

05
-
03
管理図の見方

④　点が明らかに不規則でないパターンまたは周期的なパターン（ルール 4）

点が**規則的に変動**したり，**周期的に変動**する場合に異常と判断する．

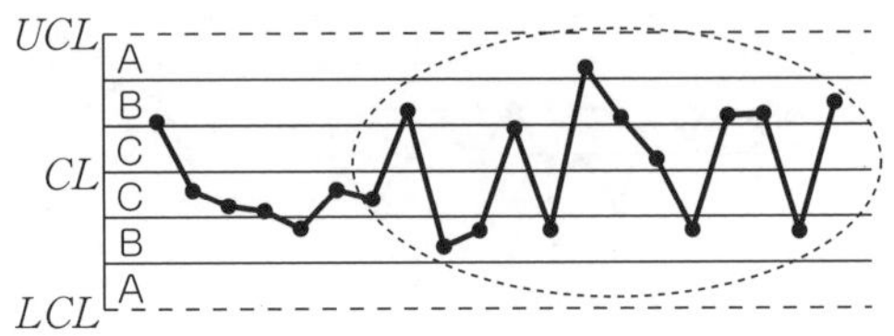

ルール 4：**明らかに不規則ではない**パターン

注 1）　管理図は，中心線の両側で，A, B, C の 3 つのゾーンに等分され，各ゾーンは 1 シグマの幅である．

注 2）　これらの異常判定のルールについては，①を除き，異なるルールが用いられることがある．例えば JIS Z 9020-2：2016[10)]の附属書では，図 5.2 のルール 1 ～ 8 が示されている．

これができれば合格！

- 管理図の目的，管理特性に合わせた種類の選択
- 各管理図の管理線の計算
- 工程異常の判定のためのルール

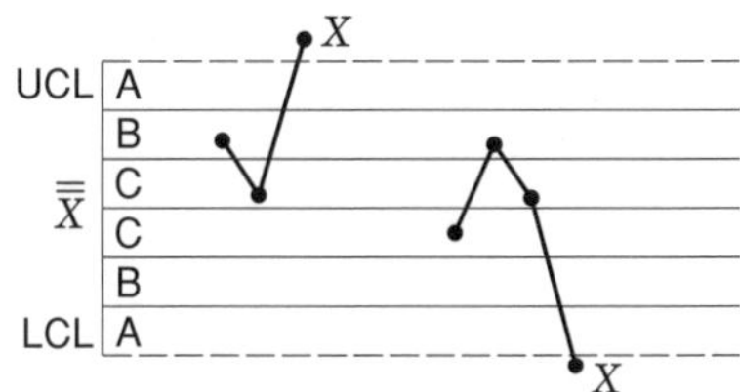

ルール1：1点が領域Aを超えている

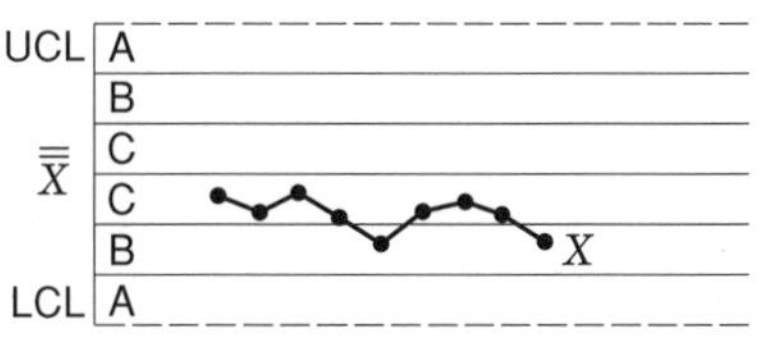

ルール2：9点が中心線に対して同じ側にある

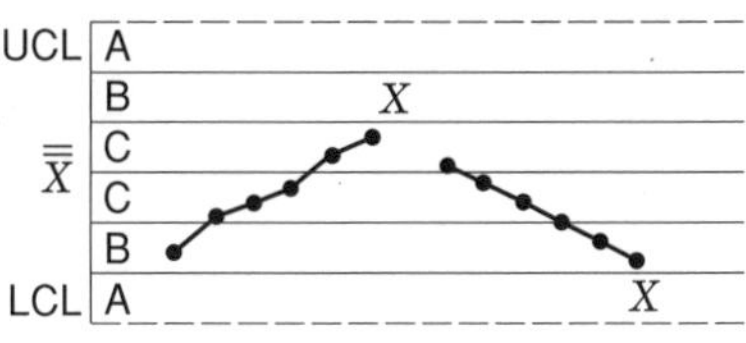

ルール3：6点が増加，または減少している

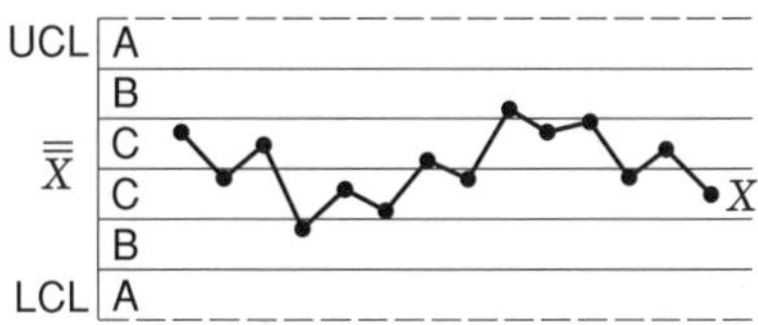

ルール4：14の点が交互に増減している

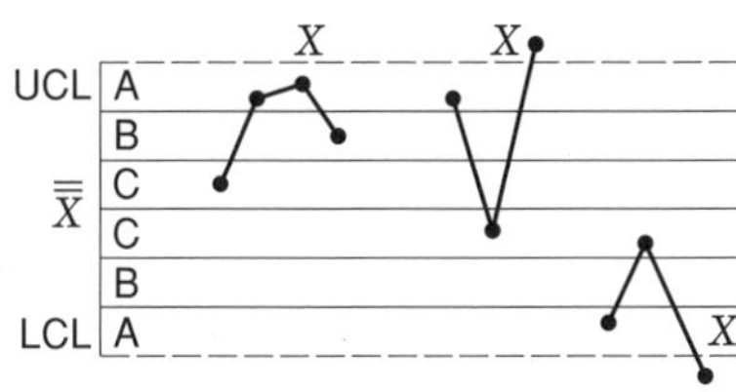

ルール5：連続する3点中2点が領域A，またはそれを超えた領域にある

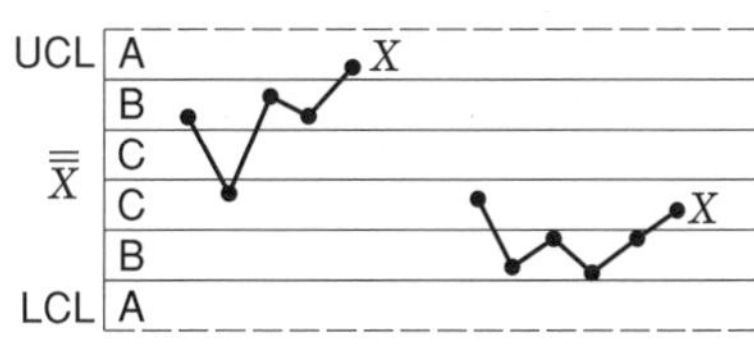

ルール6：連続する5点中4点が領域B，またはそれを超えた領域にある

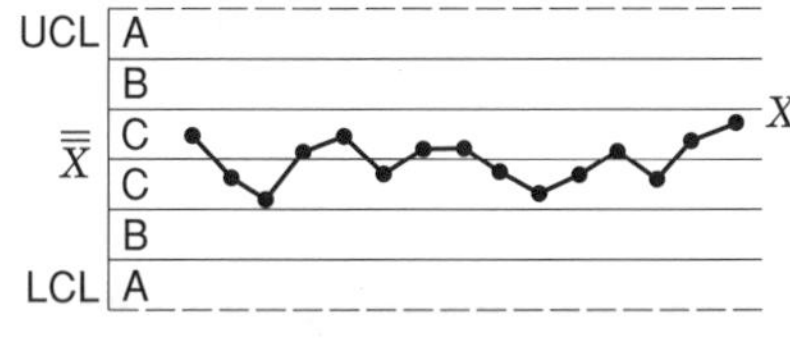

ルール7：連続する15点が領域Cに存在する

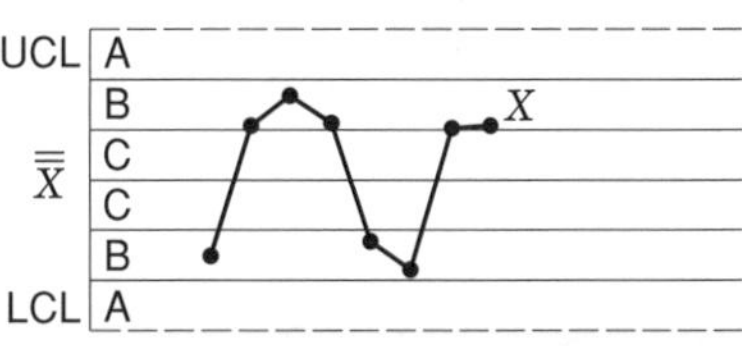

ルール8：連続する8点が領域Cを超えた領域にある

出典） JIS Z 9020-2：2016「管理図―第２部：シューハート管理図」

図 5.2　管理図の異常判定の基準

第6章

抜取検査

品質管理では，多くの検査の種類がある．中でも，対象となるロットからサンプルを抜き取って，試験や測定を行い，ロットの合否判定基準と比較することで，ロットの合格・不合格を判定する抜取検査は多くの場面で使われる．

本章では，“ 抜取検査 ”について学び，下記のことができるようにしておいてほしい．

- 抜取検査の意味の説明
- OC 曲線の意味の説明と作成
- 計数規準型抜取検査の手順の説明
- 計量規準型抜取検査の手順の説明

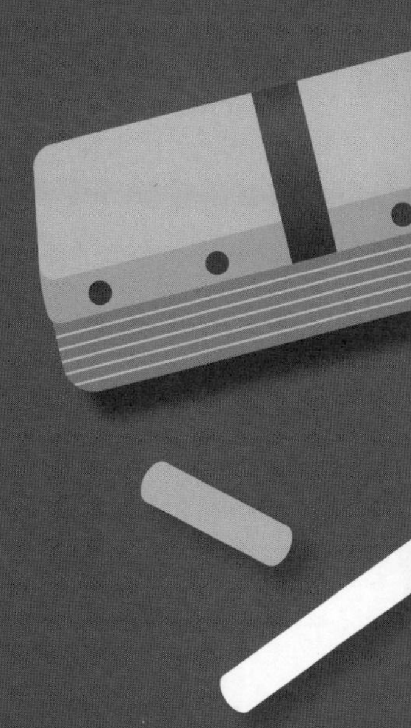

抜取検査

重要度 ●●○
難易度 ■■□

1. 抜取検査とは

抜取検査とは，「対象となるロットから，あらかじめ定められた抜取検査の方式に従って，**サンプル**を抜き取って，測定，試験などを行い，ロットの合否判定基準と比較して，その**ロットの合格・不合格を判定**する」ものである．

抜取検査は，供給者と購入者が相互に合意した品質水準以上の品質で供給者が製品を納入していることを確かめ，合格可能な品質のロットを購入者が受け入れるようにすることを目的としている(図 6.1)．

抜取検査は，対象となるアイテムすべてを調べるわけではないので，ある程度不適合品の混入が許容できる場合に使用する．

抜取検査には，大きく分けて**計数値抜取検査**と**計量値抜取検査**がある．

計数値抜取検査は，ロットの合否判定基準が，サンプルの中の不適合品の数や不適合数などの**計数値**にもとづく抜取検査である．

計量値抜取検査は，ロットの合否判定基準がサンプルから得られた平均値や標準偏差などの**計量値**にもとづく抜取検査である．

計数値抜取検査は，特性値の分布にかかわらず簡便に使用できるが，サンプルサイズが**大きく**なる．計量値抜取検査は，計数値抜取検査よりサンプルサイズが**小さくてすむ**という利点があるが，特性値の測定や試験に手間とコストがかかる場合が多い．

表 6.1 に検査で使われる主な用語について説明する．

2. OC 曲線

(1) サンプル中の不適合品の数

計数値抜取検査では，サンプル中に含まれる**不適合品数**はサンプリングのたびに**ばらつく**．したがって，ロットの**不適合品率**が一定であっても，合格となったり不合格となったりする．

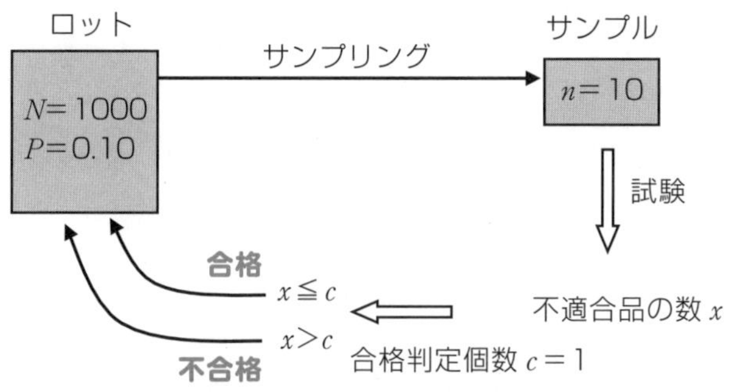

図 6.1　抜取検査の概略図

表 6.1　検査の用語

用　語	定　義
検査単位	検査の目的のために選ぶ単位体または単位量
(検査)ロット	検査の対象となるひとまとめの単位体の集まり
ロットの大きさ	ロット内の検査単位の**総数**
不適合品	品質基準に**適合しない**検査単位
ＯＣ曲線(検査特性曲線)	抜取検査方式の特性を表すため，ロットの**不適合品率**に対してその抜取検査で**合格になる確率**を示した曲線
サンプル(試料)	ロットから抜き取られる**検査単位**の集まり
サンプル(試料)の大きさ	試料中の検査単位の**数**．記号 n で表す．
ロットの不適合品率(%)	ロットの不適合品率(%)＝$\dfrac{\textbf{(ロット内の不適合品数)}}{\textbf{(ロットの大きさ)}}$×100
1 回抜取検査	ロットから抜き取った **1 組のサンプル**を調べるだけで，そのロットの合格・不合格の判定を行う検査
抜取検査方式	ロットの合格・不合格をきめる**試料の大きさ**と**合格判定個数**を規定したもの
合格判定個数	抜取検査で合格の判定を下す基準となる**不適合品数**．サンプル中に見出した不良品の数がこの数**以下**の場合には**合格**と判定する．記号 c で表す．
合格判定値	**計量値抜取検査**での合格の判定を下す**限界値**

図 6.1 に示すように，不適合品率 $P = 10\%$，大きさ $N = 1000$ 個のロットに対して，サンプルの大きさ $n = 10$，合格判定個数 $c = 1$ の計数 1 回抜取検査を実施したとき，検査で合格となる確率 $L(p)$は，

不適合品数 $x = 0$，$x = 1$ のときの確率 P_0，P_1 の合計になるので，$P = 0.10$，$n = 10$ のときの二項分布の確率の式を用いて，

$$P_x = {}_nC_x P^x(1-P)^{n-x} = \frac{n!}{x!(n-x)!} P_x(1-P)^{n-x}$$

$$P_0 = \frac{10!}{0!(10-0)!} 0.1^0(1-0.1)^{10-0} = 1 \times 1 \times 0.9^{10} = 0.349$$

$$P_1 = \frac{10!}{1!(10-1)!} 0.1^1(1-0.1)^{10-1} = 10 \times 0.1 \times 0.9^9 = 0.387$$

$$L(p) = P_0 + P_1 = 0.349 + 0.387 = 0.736$$

となる．

超幾何分布は $N/n \geqq 10$ のときに，二項分布に近似できる．また，二項分布は $p \leqq 0.1$ のときは，**ポアソン分布**に近似できる．

このように，ロットの合格する確率を計算で求めることができるが，これを簡便に図上から求めるための図が**累積確率曲線（ソーンダイクー芳賀曲線）**（付図 1）である．以下の例題で累積確率曲線の使い方を示す．

例題 6.1

累積確率曲線（付図 1）を用いて，$n = 10$，合格判定個数 $c = 1$ の抜取検査方式で，ロットの不適合品率 10% のときのロットの合格する確率 $L(p)$ を求めよ．

【解答 6.1】

手順 1　np の値を計算する

$np = 10 \times 0.10 = 1$

手順 2　この値を横軸にとり，垂線を立てる

手順 3　この垂線と合格判定個数 $c(= x) = 1$ の曲線との交点を求める

手順 4　この交点を左方に移動させて，縦軸の値を読む．これが合格する確率である

$L(p) = 0.73$ となる（図 6.2）．二項分布の確率計算で求めた値とほぼ一致する．

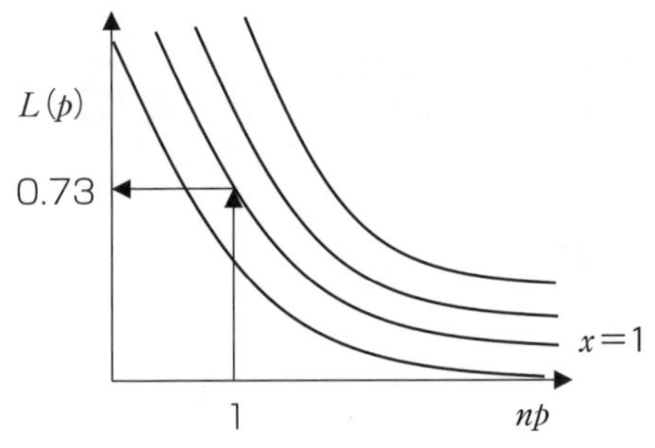

図 6.2　累積確率曲線の使い方

(2)　OC 曲線(検査特性曲線)

抜取検査では，品質のよいロットを合格と判定し，悪いロットを不合格と判定するが，ある抜取検査方式(n，c)に対して，横軸に**ロットの品質(不適合品率(p)%)**，縦軸に**ロットが合格する確率 $L(p)$**をプロットすると 1 本の曲線が得られる．この曲線を**OC曲線(検査特性曲線)**という．

このとき，$L(p)$は(1)に示したように累積確率曲線を用いて求めても，直接確率計算で求めてもよい．

OC 曲線から，ある品質のロットがどのくらいの割合で合格となるかを読み取ることができるとともに，曲線の比較から複数の抜取検査方式のきびしさを判断することもできる．具体的な OC 曲線の例を図 6.3(p.110)に示す．

06-02 計数規準型抜取検査

重要度 ●●○
難易度 ■■□

1. 計数規準型抜取検査

計数規準型抜取検査は，売り手に対する保護と買い手に対する保護の 2 つを規定して，売り手の要求と買い手の要求との両方を満足するように組み立てられた抜取検査である．

売り手に対する保護とは，不適合品率 p_0 のような品質の**よいロットが抜取検査で不合格となる確率** α (**生産者危険**という)を一定の小さな値に決めていることであり，買い手に対する保護とは，不適合品率 p_1 のような品質の**悪いロットが合格となる確率** β (**消費者危険**という)を一定の小さい値に決めていることである．

(1) 検査の手順(JIS Z 9002)[6)]

手順 1 品質基準を決める
手順 2 p_0，p_1 の値を指定する
手順 3 ロットを形成する
手順 4 サンプルの大きさ n と合格判定個数 c を求める
手順 5 サンプルをとる
手順 6 サンプルを調べる
手順 7 合格・不合格の判定を下す
手順 8 ロットを処置する

2. JIS Z 9002 による抜取検査

JIS Z 9002：1956「計数規準型一回抜取検査(不良個数の場合)」[6)]では，$\alpha \fallingdotseq$ **0.05**，$\beta \fallingdotseq$ **0.10** と決めて，1 回に抜き取ったサンプル中の不適合品数によって，ロットごとの合格，不合格を判定するものである．

(1) 抜取検査表の使い方

以下の例題によって，抜取検査方式の求め方と検査の手順を示す．

例題 6.2

JIS Z 9002 を用いて，$P_0 = 0.5\%$，$P_1 = 4.0\%$に対する抜取検査方式を求めよ．

第6章 抜取検査

【解答 6.2】

手順 1　p_0, p_1 を決める

JIS Z 9002 では，品物を受け取る側と渡す側が合意のうえ，p_0, p_1 を決めることとしている．この場合 p_0 とは，**なるべく合格させたい**ロットの不適合品率の**上限**を指し，p_1 とは，**なるべく不合格としたいロット**の不適合品率の**下限**をいう．なお，$p_0 < p_1$ でなければならず，$p_1/p_0 = 4 \sim 10$ が好ましいとされている．

手順 2　n と c を求める

① 付表 8(計数規準型一回抜取検査表)の中で指定された p_0 を含む行と指定された p_1 を含む列の交わる欄を求める．

② 欄中の左側の数値(細字)をサンプルの大きさ n とし，右側の数値(太字)を合格判定個数 c とする．欄中に矢印のある場合には，矢印をたどって順次進み，到達した数値の記入してある欄から n と c を求める．

欄中に「＊」がある場合には，付表 9 の抜取検査設計補助表を用いて計算して求める．

③ このようにして求めた n が，ロットの大きさを超える場合は全数検査を行う．

④ 求めた n と c について OC 曲線を調べ，また検査費用などを検討した結果，必要があれば p_0, p_1 の値を修正して n と c を決定する．

付表 8 を用いて．p_0 を含む行 **0.451 ～ 0.560** と p_1 を含む列 **3.56 ～ 4.50** との交わる欄を見ると，**矢印↓**があるので，その矢印に従って進むと n = **120**, c = **2** を得る．

ロットからランダムにサンプルを **120** 個採取し，サンプル中の不適合品の数が **2** 個以下であればロットを合格，**3** 個以上であればロットを不合格と判定する．

図 6.3 に，n = **120**, c = **2** の場合の OC 曲線を示す．図から，$p_0 = 0.5\%$, $p_1 = 4.0\%$のときのロットが合格する確率 $L(p)$を読み取ると，

$p_0 = 0.5\%$のとき，$L(p) = \mathbf{0.98} = \mathbf{1} - \alpha$

$p_1 = 4.0\%$のとき，$L(p) = \mathbf{0.14} = \beta$

となっていることがわかる．

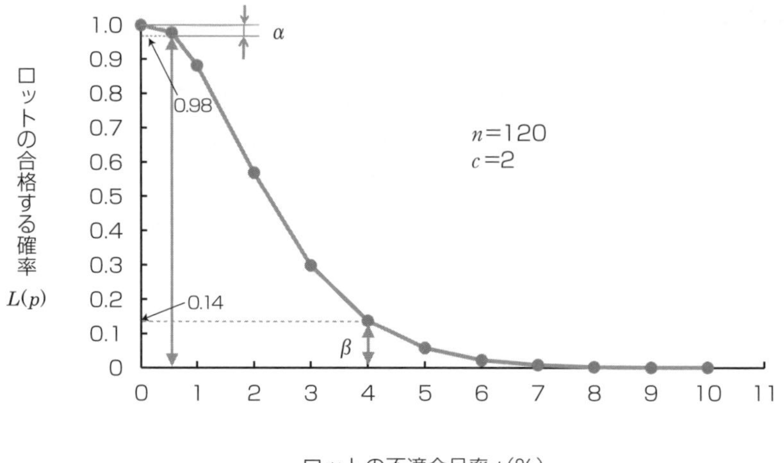

図 6.3　例題 6.2 の OC 曲線

注 1)　この例のように，抜取検査表を用いて抜取検査方式を求めた場合，α，β の値が設計の前提とした $\alpha = \mathbf{0.05}$，$\beta = \mathbf{0.10}$ から多少ずれることがある．

注 2)　ロットの処置については，以下のようにする．

1)　合格ロット

ロットを受け入れる．ただし，サンプル中に発見された不適合品は返却するか，**適合品と交換する**かをあらかじめ決めておく．

2)　不合格ロット

すべてを売り手に**返却**するか，**条件付きで**買い手が引き取るか，もしくは**全数選別**を行い適合品のみを受け入れるかをあらかじめ決めておく．不合格ロットをそのまま**再提出**して**抜取検査**にかけてはならない．

06-03 計量規準型抜取検査

重要度 ●●○
難易度 ■■■

1. 計量規準型抜取検査

計量規準型抜取検査は，ロットから抜き取ったサンプルを試験して得たデータが計量値であり，これより品質特性の分布を推定し，それを計量値で与えられている合格判定値と比較して，ロットの合格・不合格を判定する検査である(表 6.2)．計量規準型抜取検査は特性値の分布が**正規分布**であると仮定できる場合に適用できる．

計量規準型一回抜取検査には，検査するロットの**標準偏差**がわかっている場合(σ既知)と，わかっていない場合(σ未知)があり，さらに保証する対象がロットの**平均値**である場合と，ロットの**不適合品率**である場合の 2 つがある．

表 6.2　計量規準型抜取検査の種類

ロットの情報	保証の対象	判定方法	JIS 規格
σ既知	ロットの**平均値** ロットの**不適合品率**	サンプルから求めた**平均値**$\bar{x}$を用いて判定.	JIS Z 9003：1979
σ未知	ロットの**不適合品率**	サンプルから求めた**平均値**$\bar{x}$と**分散の平方根**$\sqrt{V}$を用いて判定.	JIS Z 9004：1983

(1) ロットの平均値を保証する場合の抜取検査方式(σ既知)

ロットの平均値が低いほうが好ましい場合と高いほうが好ましい場合とがあるが，いずれも考え方は同じなので，低いほうが好ましい場合で説明する．

ロットの特性値xの母平均μが，μ_0以下なら合格としたいよいロット，μ_1以上なら不合格としたい悪いロットであるとする．xは正規分布に従い，母標準偏差σが既知であるとする．

ロットから抜き取った大きさnのサンプルの平均値$\bar{x}$を求めて**合格判定値**$\overline{X}_U$と比較して判定するのである．

よいロットを誤って不合格とする生産者危険をα，悪いロットを誤って合格とする消費者危険をβとし，nならびに$\overline{X}_U$を求める．

図 6.4 より，

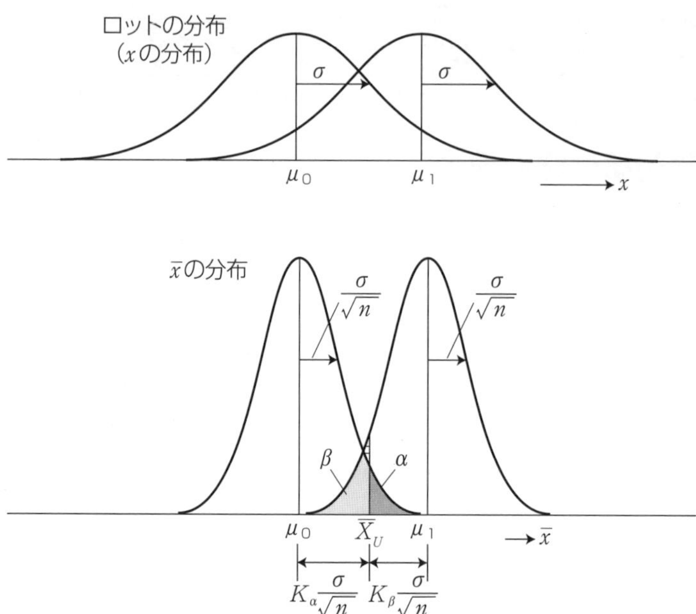

図6.4　ロットの平均値を保証する抜取検査方式（平均値の低いほうが好ましい場合）

$$\overline{X}_U = \mu_0 + K_\alpha \frac{\sigma}{\sqrt{n}}$$

$$\overline{X}_U = \mu_1 - K_\beta \frac{\sigma}{\sqrt{n}}$$

の関係が導けるので，これを解いて，

$$n = \left(\frac{K_\alpha + K_\beta}{\mu_1 - \mu_0} \right)^2 \sigma^2$$

となる．また，

$$\overline{X}_U = \mu_0 + K_\alpha \frac{\sigma}{\sqrt{n}} = \mu_0 + K_\alpha \frac{\mu_1 - \mu_0}{K_\alpha + K_\beta} = \frac{\mu_0 K_\beta + \mu_1 K_\alpha}{K_\alpha + K_\beta}$$

となり．必要なサンプルの大きさと上限合格判定値が求められる．

すなわち，ロットからランダムに大きさ n のサンプルを採取し，その特性値を測定して得られたデータから $\bar{x} = \dfrac{\sum x_i}{n}$ を計算し，これを上限合格判定値 $\overline{X}_U$ と比

較して，

$\bar{x} \leqq \overline{X}_U$ ならばロット**合格**，　$\bar{x} > \overline{X}_U$ ならば**不合格**

と判定する．

2. JIS Z 9003 計量規準型 1 回抜取検査（標準偏差既知でロットの平均値を保証する場合）

計量規準型抜取検査については，JIS Z 9003：1979[7)]に抜取検査表が用意されており，簡便に抜取検査方式の設計ができる．

以下の例題によって，計量規準型抜取検査の抜取検査方式の求め方と検査の手順を示す．

例題 6.3

精密部品を製造している．部品の重量の母平均が 10.00 g 以下のロットは合格させたいが，10.10g 以上のロットは不合格にしたい．母標準偏差は 0.100 g であることがわかっている．生産者危険 $\alpha = 0.05$，消費者危険 $\beta = 0.10$ として，計量規準型抜取検査方式を求めよ．

【解答 6.3】

手順 1　$\dfrac{|m_1 - m_0|}{\sigma}$ の計算

$$\frac{|(\text{不合格としたいロットの母平均}) - (\text{合格としたいロットの母平均})|}{(\text{母標準偏差})} = \frac{|m_1 - m_0|}{\sigma}$$

注）JIS Z 9003 では，μ_0 を m_0，μ_1 を m_1 と表記しており，同一のものである．

$$\frac{|m_1 - m_0|}{\sigma} = \frac{|10.10 - 10.00|}{0.100} = 1.000$$

となる．

手順 2　n と係数 G_0 の読み取り

付表 10 より，$\dfrac{|m_1 - m_0|}{\sigma}$ の値を含む行の n と係数 G_0 を読み取る．［**0.975** ～ **1.034**］の行に該当するので，$n = $ **9**，$G_0 = $ **0.548** となる．

06-03 計量規準型抜取検査

手順 3　合格判定値の計算

上限合格判定値 $\overline{X}_U = m_0 + G_0\sigma$ を求める．

$$\overline{X}_U = m_0 + G_0\sigma = 10.00 + 0.548 \times 0.100 = 10.0548$$

手順 4　平均値の計算

ロットからランダムに大きさ 9 のサンプルを採取し，その特性値を測定して得られたデータから $\bar{x} = \dfrac{\sum x_i}{9}$ を計算する．

手順 5　判定

$$\bar{x} \leqq \overline{X}_U \text{ ならばロット合格，} \quad \bar{x} > \overline{X}_U \text{ ならば不合格}$$

と判定する．

注）本問は母平均が小さいほうが好ましい場合であった．母平均が大きいほうが好ましい場合には，手順 1，手順 2 までは同様に行い，手順 3 で，下限合格判定値 $\overline{X}_L = m_0 - G_0\sigma$ を求める．

さらに手順 5 では，

$$\bar{x} \geqq \overline{X}_L \text{ ならばロット合格，} \quad \bar{x} < \overline{X}_L \text{ ならばロット不合格}$$

とする．

これができれば合格！

- 抜取検査の意味の理解
- 抜取検査に関する用語の意味の理解
- OC 曲線の意味の理解と作成方法の理解
- 計数規準型抜取検査の理解と抜取検査方式の求め方の理解
- 計量規準型抜取検査の意味の理解と抜取検査方式の求め方の理解

第7章

実験計画法

実験計画法とは，どのように実験の場を構成し，因子をどのように割り付け，実験により得られたデータを解析し，必要とする情報を得るものである．

本章では“実験計画法”のうち一元配置実験と二元配置実験について学び，下記のことができるようにしてほしい．

- 一元配置実験の計算方法，分散分析表の作成，検定と推定の計算と説明
- 繰返しのある二元配置実験の計算方法，分散分析表の作成，交互作用のあり・なしでの検定と推定の計算と説明
- 繰返しのない二元配置実験の計算方法，分散分析表の作成，検定と推定の計算と説明

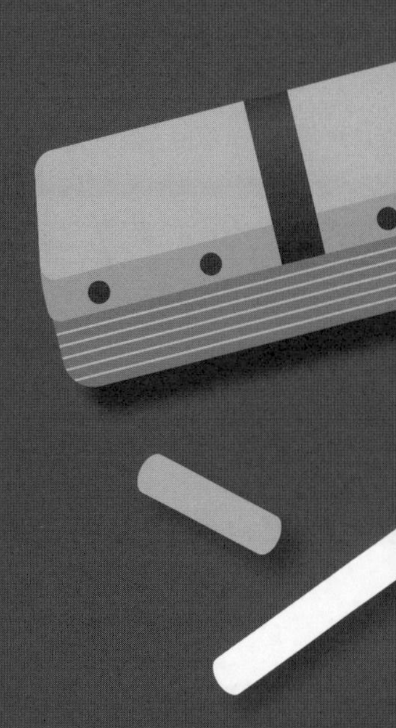

07-01 実験計画法

重要度 ●●●
難易度 ■■■

1. 実験計画法とは

実験計画法は,「どのように計画的にデータを採取すればよいのか，そして，そのデータをどのように解析すればよいのか，についての統計的方法論の総称」である.

実験計画法の目的は「どの**要因**が**特性値**に影響を与えているのか」，もし影響を与えているならば「その要因をどのような値(**水準**)に設定すれば**特性値**がどれくらいになるのか」などを把握することである.

図 7.1 のような特性要因図がある場合に，**要因**としてあげられた「反応時間」,「反応温度」や「原料の配合比」などが，特性である「強度」にどの程度影響を及ぼすかを，要因の水準を変化させて実験を行い把握する.

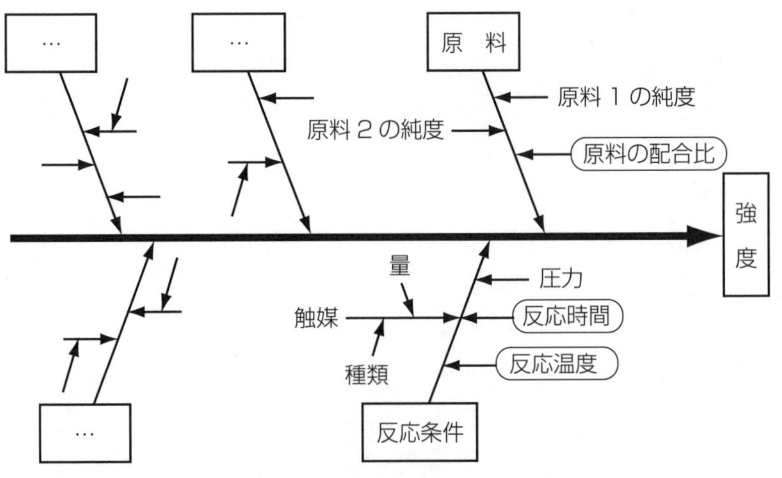

図 7.1　特性要因図の一例

2. 実験と解析の手順

実験計画法では，実験を計画し，実施し，得られたデータを解析する．実験によって得られたデータを解析するには，いろいろな統計的方法が用いられるが，最も有効であり，最もよく利用されるのが**分散分析**である．新製品開発や工程の改善においてよく使われる．

実験を計画し解析するには，一般に以下の手順で行われる(図 7.2)．

① 実験の目的と**特性値**を決める．
② 特性要因図などから取り上げる**因子**を選ぶ．
③ **因子**の水準を決定する．
④ **要因**の割付けを行う．
⑤ **実験順序**を決める．
⑥ **実験**を行う．
⑦ 実験**データの解析**(**分散分析**)を行う．
⑧ 解析結果と技術的な情報から**結論**を導く．

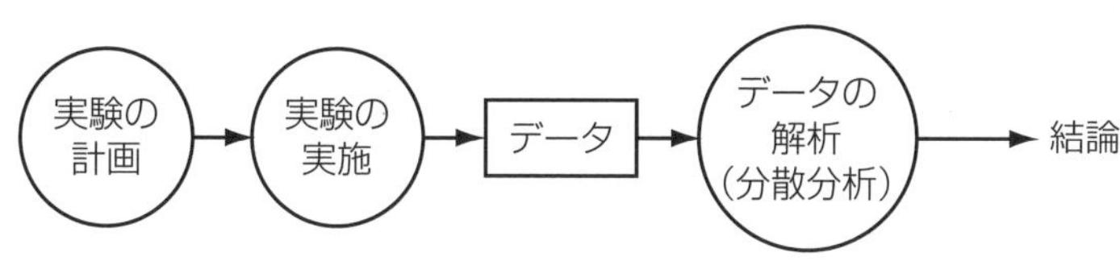

図 7.2　実験の手順

3. 実験計画法の種類

① **一元配置実験**(**一元配置法**)
② **二元配置実験**(**二元配置法**)
③ 多元配置実験(多元配置法)

これらの実験は因子の各水準のすべての組合せを**完全ランダム化**して行うので，**完全ランダム化**実験と呼ばれる．

このほか，実験計画法には多くの種類があるが，よく用いられるものに以下のものがある．

④ 分割法
⑤ 直交配列表による実験

注)　QC 検定２級の出題範囲は①と②である．

4. 実験計画法の用語

実験計画法において用いられる用語の基本的なものを示す.

(1) 因子

実験を行う際に, 多くの要因の中から特性値に特に大きな影響を与えると考えて取り上げた要因のこと. 材料の成分, 温度, 電流, 電圧, 機械の種類などで, A, B, C など大文字の記号で表す場合が多い.

因子には**母数因子**と**変量因子**がある. **母数因子**では, 要因効果がそれぞれ一定の値で示され, 因子の水準を技術的に指定することができる. 一方, **変量因子**では, 要因効果が, ある確率分布に従う確率変数と見なされ, 分散成分の推定が主目的で, 因子の水準を技術的に指定することには意味がない.

(2) 水準

因子の影響の程度を知るため, 因子の条件を変えた水準のこと. 例えば, 温度を因子にとった場合は 100℃, 150℃, 200℃という値のことである. 通常, 因子と水準は A_1, A_2, A_3, あるいは B_1, B_2 など, 因子の記号に 1, 2, 3 などの添字をつけて表す.

(3) 水準数

水準の数のことである. 例えば, 温度を因子にして 100℃, 150℃, 200℃の水準を取り上げた場合は, 水準数が 3 となる.

(4) 繰返し

同じ条件で実験を複数回行う場合,「繰返しがある」といい, その回数を**繰返し数**という. 測定の繰返しではなく, 実験を繰返すことである.

(5) 主効果

1 つの因子の効果のうち, 他の因子に影響されない, その因子固有の効果のことである.

(6) 交互作用効果

2 因子以上の水準の組合せで生じる効果のこと. 因子 A の効果が他の因子 B の水準によって異なる場合, A と B の 2 因子**交互作用がある**という.

(7) 誤差

実験の場の**変動**をいう.

(8) 要因

主効果, **交互作用効果**, **誤差**などの総称をいう.

(9) ランダム化

無作為に．同じ確率になるように実験する，またはサンプルをとる．例えば，A因子が３水準，B因子が３水準の場合，３×３＝９回の実験を行う場合は，A_1B_1, A_1B_2，A_1B_3，…と順序立てて行うのではなく，あらかじめ乱数表などを用いてその順序がランダムになるように行う．

5. 実験の仕方（フィッシャーの３原則）

実験計画法では実験に伴う誤差をいかに制御するかが重要である．そのために実験の場を以下の３つの原則に従って管理することを**フィッシャー**(R. A. Fisher)は提唱した．

① **繰返し，反復**

同一の条件で実験を繰返し，または反復して実験を行い，誤差の大きさを把握する．

② **無作為化**

取り上げた因子以外の多数の原因の影響が，実験結果にかたよって入ってくることを避けるために**ランダム化**する．

③ **局所管理**

系統誤差を避けるため，実験の場を適当な**ブロック**に分け，ブロック内では条件をなるべく均一になるようにする．

07-02 一元配置実験

重要度 ●●●
難易度 ■■■

1．一元配置実験とは

一元配置実験とは，実験の因子を１つだけ取り上げ，その因子の各水準において何回かの繰返しを行う計画である．一元配置法や一元配置の分散分析とも呼ばれる．

例えば，「１つの因子A(温度とする)を取り上げて，４水準(例：100℃，120℃，140℃，160℃)を設定し，一元配置実験を行う」とは，４つの母集団を設定し，各温度での母平均が一様に等しいかどうかを検定し，最適水準の選定や，最適水準での母平均の推定を行うことである．

一元配置実験では，**分散分析表**を作成し検定を行うが，この検定の**帰無仮説** H_0 は「因子 A の効果がない」であり，「取り上げた４つの因子の母平均が等しい」ことを意味する．**対立仮説** H_1 は「少なくとも１つは等しくない」である(図 7.3)．

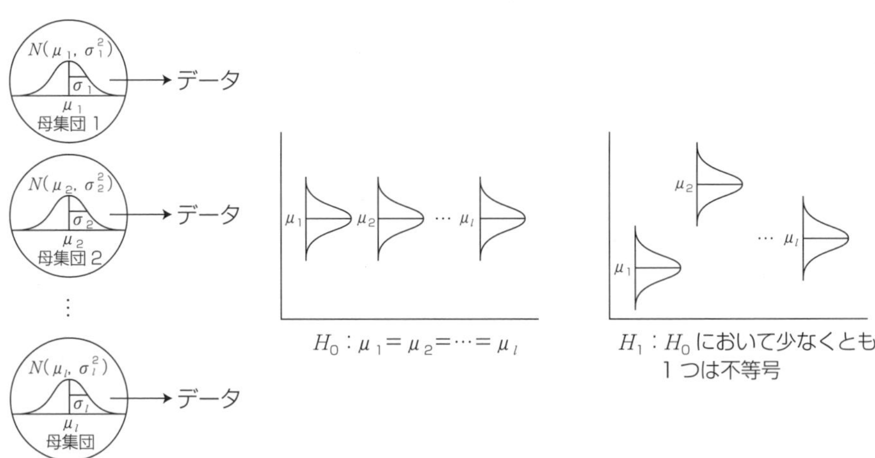

図 7.3　一元配置実験での検定のイメージ図

2．一元配置実験の解析の手順

(1) 一元配置実験のデータ形式

一元配置実験は，特性値に対し，特に大きな影響を与えていると思われる1因子の効果を調べたいときなどに適用される．

A_1 から A_l の l 個の水準を設定し，それぞれの水準において r 回の繰返し実験を行う．「繰返し」とは「測定のみの繰返し」ではなく，「**水準設定も含めた実験全体の繰返し**」を意味する．そして，$N = l \times r$ 回の実験を**ランダム**な順序で行う(表7.1)．

表 7.1　一元配置実験のデータ

因子の水準	データ			
A_1	x_{11}	x_{12}	$\cdots$	x_{1r_i}
A_2	x_{21}	x_{22}	$\cdots$	x_{2r_i}
.	.	.	$\cdots$	.
.	.	.	$\cdots$	.
.	.	.	$\cdots$	.
A_l	x_{l1}	x_{l2}	$\cdots$	x_{lr_i}

一元配置実験では，取り上げた因子の水準数，各水準の繰返し数に制限はないが，一般的には3～5水準，繰返し数は3～10にする．また，各水準の繰返し数は異なってもよい．

(2) 一元配置実験のデータの構造式

実験の計画段階においてデータの構造式をどのように考えるかは重要である．データの構造は，何を母集団と考え，母集団の何を知ろうとするのかという実験の目的に関係するだけでなく，データの構造式によって，実験の方法や解析の方法が変わる．

一元配置実験の場合，A_i 水準で行われた第 j 番目のデータ x_{ij} の構造式は以下のようになる．

$$x_{ij} = \mu + a_i + \varepsilon_{ij}$$

μ ：一般平均

a_i：因子 A の主効果($i = 1, 2, \cdots, l$)，$\sum a_i = 0$

ε_{ij}：誤差($j = 1, 2, \cdots, r_i$)，$\varepsilon_{ij} \sim N(0, \sigma^2)$

因子 A が温度で３水準，繰返し数が４の場合，もし「A の効果はない」という結論になった場合は，「A_1，A_2，A_3 の母平均 μ は一様に等しい」，すなわち「$a_1 = a_2 = a_3 = 0$」を意味する．したがってこの場合は，a_i の効果は０なので，データの構造式から a_i が消えて，$x_{ij} = \mu + \varepsilon_{ij}$ となり，温度の水準に関係なく実験誤差だけでばらついていることを意味する．

(3)　ばらつきの分解と平方和の計算

分散分析とは，ばらつき(分散)を分けて解析する方法である．

ここでは分散の元である平方和を分ける方法を，表 7.2 のデータにもとづいて解説する．

表 7.2　樹脂の強度(単位：MPa)のデータ

因子	繰返し			平均
A_1	16	12	14	14.0
A_2	13	12	11	12.0
A_3	18	16	14	16.0
			全平均	14.00

３種類の樹脂($A_1 \sim A_3$)の強度に差があるかどうかを検討することになった．そこで繰返し数を３回として９回の実験をランダムに行い，表 7.2 のデータを得た．表 7.2 のデータはばらついているが，このばらつきを樹脂の種類の違いによるばらつきと，それ以外のばらつき(**実験誤差**)に分けることを考える．

各データを x_{ij}，各樹脂での強度データの平均を $\bar{x}_{i\cdot}$，全データの平均を $\bar{\bar{x}}$ とする．表 7.2 のデータを $x_{ij} - \bar{\bar{x}} = (\bar{x}_{i\cdot} - \bar{\bar{x}}) + (x_{ij} - \bar{x}_{i\cdot})$ に分けてみると，表 7.3 となる．

表 7.3　データ分解表(1)

$x_{ij} - \bar{\bar{x}}$				$(\bar{x}_{i\cdot} - \bar{\bar{x}})$				$(x_{ij} - \bar{x}_{i\cdot})$		
16−14.00	12−14.00	14−14.00		14.0−14.00	14.0−14.00	14.0−14.00		16−14.0	12−14.0	14−14.0
13−14.00	12−14.00	11−14.00	=	12.0−14.00	12.0−14.00	12.0−14.00	+	13−12.0	12−12.0	11−12.0
18−14.00	16−14.00	14−14.00		16.0−14.00	16.0−14.00	16.0−14.00		18−16.0	16−16.0	14−16.0

各マスの中を計算すると，表 7.4 となる．

表 7.4　データ分解表(2)

$x_{ij}-\bar{\bar{x}}$				$(\bar{x}_{i}.-\bar{\bar{x}})$				$(x_{ij}-\bar{x}_{i}.)$		
2	−2	0		0	0	0		2	−2	0
−1	−2	−3	=	−2	−2	−2	+	1	0	−1
4	2	0		2	2	2		2	0	−2

表 7.4 のデータは正負入り混じっているので，ばらつきを評価するにはそれぞれのデータを 2 乗すればよい(表 7.5).

表 7.5　データ分解 2 乗表

$(x_{ij}-\bar{\bar{x}})^2$		
4	4	0
1	4	9
16	4	0
合計=42.00		

$(\bar{x}_{i}.-\bar{\bar{x}})^2$		
0	0	0
4	4	4
4	4	4
合計=24.00		

$(x_{ij}-\bar{x}_{i}.)^2$		
4	4	0
1	0	1
4	0	4
合計=18.00		

表 7.5 の合計値について，次のような記号と名称を用いる.

総平方和 $S_T=\sum\sum(x_{ij}-\bar{\bar{x}})^2=42.00$

A 間平方和 $S_A=\sum\sum(\bar{x}_{i}.-\bar{\bar{x}})^2=24.00$(樹脂の種類の違いによるばらつき)

誤差平方和 $S_E=\sum\sum(x_{ij}-\bar{x}_{i}.)^2=18.00$(要因 A 以外のばらつき，実験誤差)

一元配置実験では，総平方和 S_T を A 間平方和 S_A と誤差平方和 S_E に分解して検討を行っていく(図 7.4).

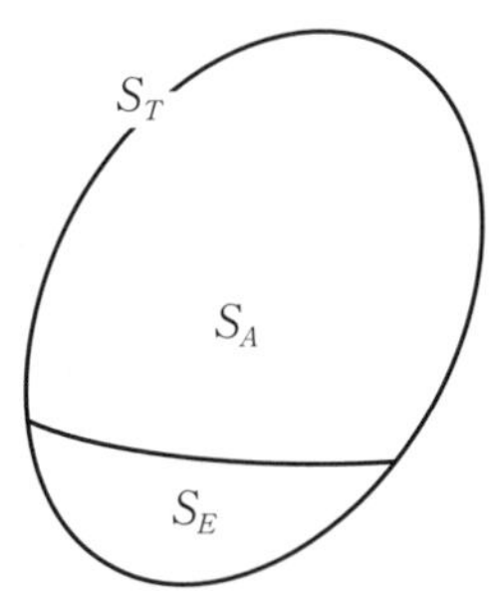

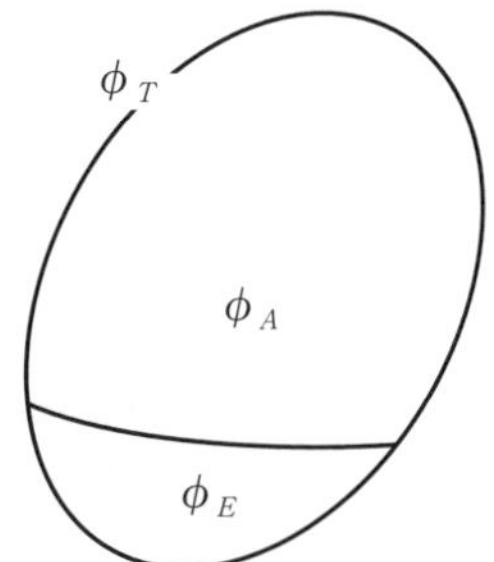

図 7.4　平方和(左図)と自由度(右図)の分解

S_T, S_A, S_E の計算は，一般的には CT（修正項)を用いて，以下のように行う．

<一元配置実験での平方和の計算>

修正項 $CT = \frac{(\text{データの総和})^2}{(\text{総データ数})} = \frac{T^2}{N}$

総平方和 $S_T = (\text{個々のデータの2乗和}) - CT = \sum_{i=1}^{l}\sum_{j=1}^{r} x_{ij}{}^2 - CT$

A 間平方和 $S_A = \sum_{i=1}^{l} \frac{(A_i\ \text{水準のデータの和})^2}{(A_i\ \text{水準のデータ数})} - CT = \sum_{i=1}^{l} \frac{T_{i\cdot}{}^2}{r_{i\cdot}} - CT$

誤差平方和 $S_E = S_T - S_A$

<一元配置実験での自由度の計算>

総自由度 $\phi_T = (\text{総データ数}) - 1 = N - 1$

A 間平方和の自由度 $\phi_A = (A\ \text{の水準数}) - 1 = l - 1$

誤差の自由度 $\phi_E = \phi_T - \phi_A$

(4) 分散分析表の作成

一元配置実験では表 7.6 の形式の分散分析表を作成する．

表 7.6 分散分析表

要因	平方和 S	自由度 ϕ	分散 V	分散比 F_0
A	S_A	ϕ_A	$V_A = S_A / \phi_A$	$F_0 = V_A / V_E$
E	S_E	ϕ_E	$V_E = S_E / \phi_E$	
計	S_T	ϕ_T		

分散分析表で求めた**分散比（検定統計量）** F_0 を F **分布表より求めた棄却限界値** $F(\phi_A, \phi_E ; \alpha)$ **と比較**して**検定**する(**付表5参照**)．

$F_0 \geqq F(\phi_A, \phi_E ; \alpha)$ が成り立てば，有意水準 α にて「**有意である**」と判断して，「**因子 A は効果がある**(特性値に影響がある)」と判断する．

有意水準 α は一般的には5％(0.05)とするが，1％(0.01)とする場合もある．

１%で有意の場合は「**高度に有意である**」と表現する場合もある.

注 1)　F 検定は「**2つの母分散の比の検定**」を行っている.「有意である」ということは，σ_A^2 が存在する(因子 A によるばらつきがある)ことを意味する.

注 2)　分散 V を平均平方 V と呼ぶ場合もある.

注 3)　分散分析表において，有意の場合には F_0 値の右肩に＊印をつけることがある(5%有意では＊，1%有意では＊＊となる).

(5)　分散分析後の推定

分散分析表によって要因効果の検定を行ったのち，以下のような推定を行うことによって，その後のアクションにつなげることができる.

1)　ある水準における母平均はどれくらいか？

2)　ある水準と別のある水準の母平均の差はどれくらいか？

①　母平均の推定

A_i 水準の母平均 $\mu(A_i)$ の点推定：

$$\hat{\mu}(A_i)=\widehat{\mu+a_i}=\bar{x}_{i\cdot}=\frac{(A_i\text{水準のデータの和})}{(A_i\text{水準のデータ数})}=\frac{T_{i\cdot}}{r_i}$$

信頼率(1 − α)の区間推定：

$$\hat{\mu}(A_i)\pm t(\phi_E,\ \alpha)\sqrt{\frac{V_E}{r_i}}$$

ϕ_E は分散分析表の誤差の自由度，V_E は分散分析表の誤差の分散である.

②　2つの母平均の差の推定

A_i 水準の母平均と $A_{i'}$ 水準の母平均との差の点推定：

$$\hat{\mu}(A_i)-\hat{\mu}(A_{i'})=\bar{x}_{i\cdot}-\bar{x}_{i'\cdot}$$

$$=\frac{(A_i\text{水準のデータの和})}{(A_i\text{水準のデータ数})}-\frac{(A_{i'}\text{水準のデータの和})}{(A_{i'}\text{水準のデータ数})}$$

$$=\frac{T_{i\cdot}}{r_i}-\frac{T_{i'\cdot}}{r_{i'}}$$

A_i 水準の母平均と $A_{i'}$ 水準の母平均との差の信頼率(1 − α)の区間推定：

$$\hat{\mu}(A_i)-\hat{\mu}(A_{i'})\pm t(\phi_E,\ \alpha)\sqrt{\left(\frac{1}{r_i}+\frac{1}{r_{i'}}\right)V_E}$$

(6)　一元配置実験の分散分析の手順

以下の例題によって一元配置実験の分散分析の手順を示す.

例題 7.1

電子部品の重要な特性の一つに導体抵抗(単位：Ω)がある．添加剤の種類 $A_1 \sim A_3$ により導体の抵抗に変化があるかどうかを調べるために，それぞれの添加剤ごとに繰返し4回，計12回の実験をランダムに実施した．その結果を表7.7に示す．

表7.7には各水準でのデータの合計と2乗した表を記入した．また個々のデータの2乗をすべて加えた値は69569である．

分散分析を行い，要因効果の有無を検討せよ．

表7.7　測定結果(単位：Ω)

因子	データ				合計	合計の2乗
A_1	87	77	83	80	327	106929
A_2	71	75	65	69	280	78400
A_3	72	77	76	79	304	92416
総計					911	277745

【解答 7.1】

手順1　データの構造式

$$x_{ij} = \mu + a_i + \varepsilon_{ij}$$

＜制約条件＞

$$\sum a_i = a_1 + a_2 + a_3 = 0$$

$$\varepsilon_{ij} \sim N(0,\ \sigma^2)$$

手順2　平方和の計算

$$\text{修正項 } CT = \frac{T^2}{N} = \frac{911^2}{12} = 69160.1$$

$$\text{総平方和 } S_T = \sum_{i=1}^{l}\sum_{j=1}^{r} x_{ij}{}^2 - CT = 69569 - 69160.1 = 408.9$$

$$A\text{ 間平方和 } S_A = \sum_{i=1}^{l}\frac{T_{i^*}^2}{r} - CT = \frac{277745}{4} - 69160.1 = 276.2$$

$$\text{誤差平方和 } S_E = S_T - S_E = 408.9 - 276.2 = 132.7$$

手順３　自由度の計算

総自由度 ϕ_T =(総データ数) − 1 = **12 − 1 = 11**

A 間平方和の自由度 $\phi_A = l - 1 =$ **3 − 1 = 2**

誤差の自由度 $\phi_E = \phi_T - \phi_E =$ **11 − 2 = 9**

手順４　分散分析表の作成(表 7.8)

表 7.8　分散分析表

要因	平方和 S	自由度 ϕ	分散 V	分散比 F_0
A	**276.2**	**2**	**138.1**	**9.37****
E	**132.7**	**9**	**14.74**	
計	**408.9**	**11**		

手順５　判定

$F_0 =$ **9.37** $> F($**2**, **9**$: 0.01) =$ **8.02**

となり，有意水準 **1**%で「**高度に**有意**である**」．添加剤の種類は，導体抵抗に影響を及ぼしていると**いえる**.

例題 7.2

家庭用プラスチック製品 P において，強度(単位：MPa)が重要な特性である．強度に大きく影響を与えると思われる要因として，2 種の添加剤QとRの混合比を取り上げ，実験を行うことにした．混合比を因子 A として 4 水準設定し，繰り返し 5 回，計 20 回の実験をランダムに行い，表 7.9 のデータを得た．ただし，A_4 水準における実験では，実験トラブルが発生して 4 個のデータしか得られなかった．

2 種類の添加剤の混合比QとRは，A_1 がQ：R = 8：2，A_2 が 7：3，A_3 が 6：4，A_4 が 5：5 である．また個々のデータの 2 乗をすべて加えた値は 26683 である．

分散分析を行い，要因効果の有無を検討せよ．そして強度を最も大きくする最適条件での母平均を検討せよ．また，現行条件は A_1 である．最適条件と現行条件との母平均の差を推定せよ．

表 7.9　強度のデータ(単位：MPa)

因子	データ				
A_1	30	35	38	31	37
A_2	34	39	37	38	35
A_3	40	37	45	42	39
A_4	38	36	41	37	—

【解答 7.2】

手順 1　データの構造式

$$x_{ij} = \mu + a_i + \varepsilon_{ij}$$

＜制約条件＞

$$\sum r_i a_i = 5a_1 + 5a_2 + 5a_3 + 4a_4 = 0$$

$$\varepsilon_{ij} \sim N(0,\ \sigma^2)$$

手順2　データのグラフ化(図 7.5)

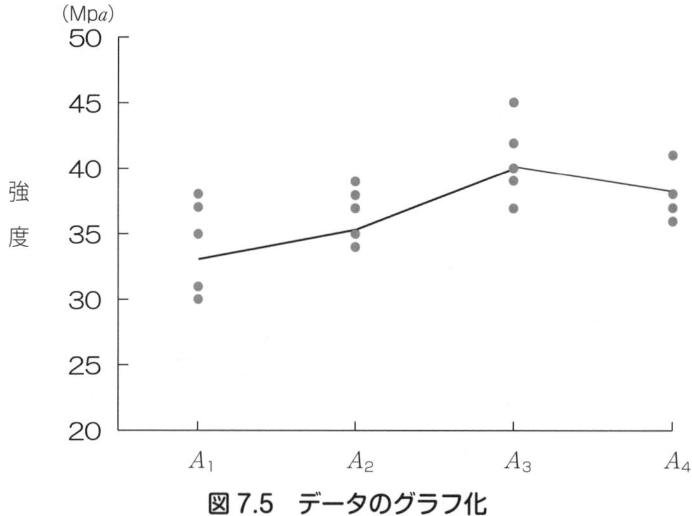

図 7.5　データのグラフ化

＜考察＞

A_3 水準が最も強度が高そうであるが，データはばらついている．

手順3　計算補助表の作成

表 7.10　計算補助表

因子	データ					合計	合計の2乗
A_1	30	35	38	31	37	171	29241
A_2	34	39	37	38	35	183	33489
A_3	40	37	45	42	39	203	41209
A_4	38	36	41	37	—	152	23104
総計						709	

表 7.10 と問題文より，

総データ数 $N = 19$

データの総計 $T = \mathbf{709}$

個々のデータの 2 乗和 $\sum\sum x_{ij}{}^2 = \mathbf{26683}$

A_i 水準のデータ数 $r_1 = r_2 = r_3 = 5$，$r_4 = 4$

手順4　平方和の計算

修正項 $CT = \dfrac{T^2}{N} = \dfrac{\mathbf{709^2}}{\mathbf{19}} = \mathbf{26456.89}$

総平方和 $S_T = \displaystyle\sum_{i=1}^{l}\sum_{j=1}^{r_i} x_{ij}{}^2 - CT = \mathbf{26683 - 26456.89 = 226.11}$

A 間平方和 $S_A = \displaystyle\sum_{i=1}^{l}\frac{T_{i\cdot}{}^2}{r_i} - CT$

$= \dfrac{\mathbf{29241}}{\mathbf{5}} + \dfrac{\mathbf{33489}}{\mathbf{5}} + \dfrac{\mathbf{41209}}{\mathbf{5}} + \dfrac{\mathbf{23104}}{\mathbf{4}} - \mathbf{26456.89}$

$= \mathbf{106.91}$

誤差平方和 $S_E = S_T - S_A = \mathbf{226.11 - 106.91 = 119.20}$

手順5　自由度の計算

総自由度 $\phi_T = N - 1 = \mathbf{19 - 1 = 18}$

A 間平方和の自由度 $\phi_A = l - 1 = \mathbf{4 - 1 = 3}$

誤差の自由度 $\phi_E = \phi_T - \phi_A = \mathbf{18 - 3 = 15}$

手順6　分散分析表の作成(表7.11)

表7.11　分散分析表

要因	平方和 S	自由度 ϕ	分散 V	分散比 F_0
A	106.91	3	35.64	4.48*
E	119.20	15	7.95	
計	226.11	18		

手順7　判定

$$F_0 = 4.48 > F(3,\ 15\ ;\ 0.05) = 3.29$$

$$F_0 = 4.48 < F(3,\ 15\ ;\ 0.01) = 5.42$$

となり，有意水準5％で「有意である」といえる．

注）F分布表は付表5参照のこと．

手順8　分散分析後のデータの構造式

$$x_{ij} = \mu + a_i + \varepsilon_{ij}$$

手順9　強度が最も高い水準における母平均の推定

図7.5より，強度が最も大きい水準はA_3水準である．

① 母平均の点推定

$$\hat{\mu}(A_3) = \bar{x}_{3\cdot} = \frac{T_{3\cdot}}{r_3} = \frac{203}{5} = 40.6 \quad (\text{MPa})$$

② 母平均の区間推定(信頼率95％)

$$\hat{\mu}(A_3) \pm t(\phi_E,\ \alpha)\sqrt{\frac{V_E}{r_3}} = 40.6 \pm t(15,\ 0.05)\sqrt{\frac{7.95}{5}}$$

$$= 40.6 \pm 2.131 \times 1.261 = 37.91,\ 43.29$$

信頼上限：43.3　(MPa)

信頼下限：37.9　(MPa)

注）t分布表は付表2参照のこと．

③ 母平均の差の点推定

最適条件A_3と現行条件A_1との母平均の差を推定する．

$$\hat{\mu}(A_i) - \hat{\mu}(A_{i'}) = \bar{x}_{i\cdot} - \bar{x}_{i'\cdot}$$

なので，

$$\hat{\mu}(A_3) - \hat{\mu}(A_1) = \bar{x}_{3\cdot} - \bar{x}_{1\cdot} = \frac{T_{3\cdot}}{r_3} - \frac{T_{1\cdot}}{r_1} = \frac{\mathbf{203}}{\mathbf{5}} - \frac{\mathbf{171}}{\mathbf{5}} = \mathbf{6.4} \quad (\text{MPa})$$

④ 母平均の差の区間推定

$$\hat{\mu}(A_i) - \hat{\mu}(A_{i'}) \pm t(\phi_E,\ \alpha)\sqrt{\left(\frac{1}{r_i} + \frac{1}{r_{i'}}\right) V_E}$$

なので，

$$\hat{\mu}(A_3) - \hat{\mu}(A_1) \pm t(\phi_E,\ \alpha)\sqrt{\left(\frac{1}{r_3} + \frac{1}{r_1}\right) V_E}$$

$$= \mathbf{6.4} \pm t(\mathbf{15},\ \mathbf{0.05}) \times \sqrt{\left(\frac{\mathbf{1}}{\mathbf{5}} + \frac{\mathbf{1}}{\mathbf{5}}\right) \times \mathbf{7.95}}$$

$$= \mathbf{6.4} \pm \mathbf{2.131} \times \mathbf{1.783} = \mathbf{6.4} \pm \mathbf{3.8} = \mathbf{2.6},\ \mathbf{10.2}$$

07-03 二元配置実験

重要度 ●●● 難易度 ■■■

1. 二元配置実験とは

二元配置実験とは，2つの因子を取り上げ，因子 A を l 水準，因子 B を m 水準とり，両因子の各水準のすべての組合せ条件 $l \times m$ において実験を行うものである．各組合せ条件においてそれぞれ1回ずつ実験を行う計画は「**繰返しのない二元配置実験**」といい，各組合せ条件において複数回の繰返しを行う計画を「**繰返しのある二元配置実験**」という．

「繰返しのない二元配置実験」は，2因子交互作用が誤差と交絡し，その効果の検出ができない．したがって，2因子交互作用が考えられないか，過去の経験などで無視できるという場合のみに用いる．

2. 二元配置実験のデータ形式

「**繰返しのある二元配置実験**」で得られるデータ形式は，表7.12のようになる．ただし，一元配置実験では繰返し数は異なってもよかったが，二元配置実験では繰返し数は同じでなければならない．また実験は，完全ランダム化にもとづく順序で行う．

表7.12 繰返しのある二元配置実験のデータ

（A：l 水準，B：m 水準，繰返し r 回）

	B_1	B_2	…	B_m
A_1	X_{111} X_{112} ⋮ X_{11r}	X_{121} X_{122} ⋮ X_{12r}	…	X_{1m1} X_{1m2} ⋮ X_{1mr}
⋮	⋮	⋮	⋮	⋮
A_l	X_{l11} X_{l12} ⋮ X_{l1r}	X_{l21} X_{l22} ⋮ X_{l2r}	…	X_{lm1} X_{lm2} ⋮ X_{lmr}

表 7.13　繰返しのない二元配置実験のデータ

(A : l 水準，B : m 水準，繰返し：なし)

	B_1	B_2	…	B_m
A_1	X_{11}	X_{12}	…	X_{1m}
⋮	⋮	⋮	⋮	⋮
A_l	X_{l1}	X_{l2}	…	X_{lm}

「**繰返しのない二元配置実験**」で得られるデータ形式は，表 7.13 のようになる．実験はランダムな順序で行わなければならない．

「繰返しのない二元配置実験」では，**交互作用効果の有無を検定することができない**という欠点がある．

3. 繰返しのある二元配置実験の解析の手順

因子を 2 つ取り上げ，両因子の各水準のすべての組合せ条件で，複数回の繰返しを行う実験を「**繰返しのある二元配置実験**」といい，「繰返しのない二元配置実験」に比べて以下の利点がある．

① 交互作用の効果を求めることができる．

② 誤差項と交互作用を分離できる．

③ 繰返しのデータから，誤差の等分散性のチェックができる．

2 因子交互作用が無視できないと考えられる場合には，繰返しのある二元配置法を用いなければならない．

(1) データの構造式

A_iB_j 水準で行われた第 k 番目のデータ x_{ijk} の構造式は以下のようになる．

$$x_{ijk} = \mu + a_i + b_j + (ab)_{ij} + \varepsilon_{ijk}$$

μ ：一般平均

a_i ：因子 A の主効果($i = 1, 2, \cdots, l$)

b_j ：因子 B の主効果($j = 1, 2, \cdots, m$)

$(ab)_{ij}$ ：A と B の交互作用効果

ε_{ijk} ：誤差($k = 1, 2, \cdots, r$)

(2) 主効果と交互作用効果

実験によって得られたデータには，取り上げた因子の単独の影響(主効果)，実験の場の影響(誤差)のほかに，因子と因子の組合せの影響が現れる場合がある．因子

Aの水準が異なると因子Bの効果が変化するとき，因子Aと因子Bとの間には「**交互作用がある**」といい，このような因子の組合せによる影響を**交互作用効果**$A \times B$と呼ぶ．A因子２水準，B因子２水準での実験データをグラフにした場合，図7.6の(a)または(b)のようになった場合は，「交互作用が**ない**」といい，(c)または(d)のようになった場合は，「交互作用が**ある**」という．

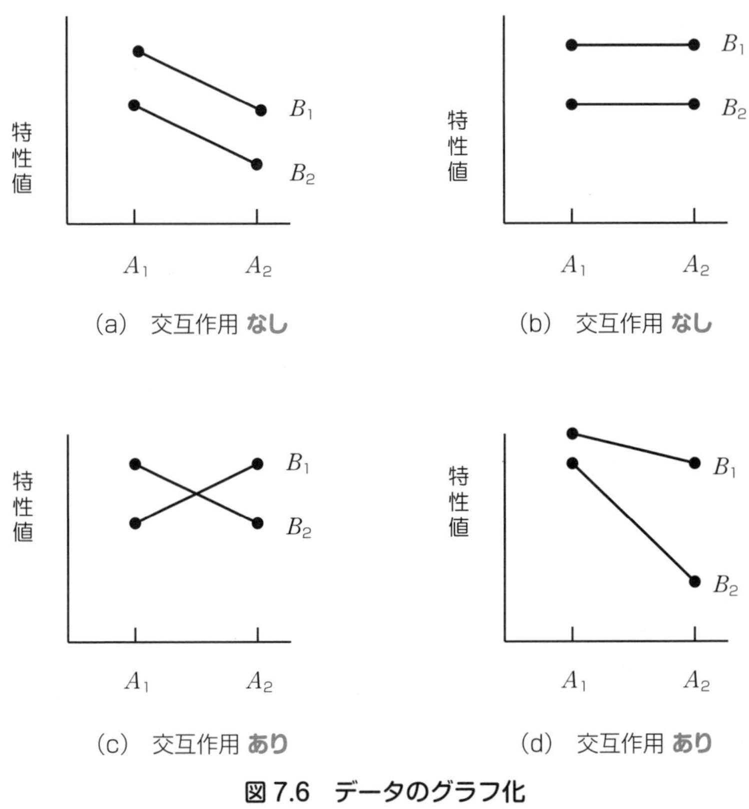

図7.6　データのグラフ化

すなわち，(a)または(b)ではA_1のときのB_1，B_2の特性値と，A_2のときのB_1，B_2の特性値は変化**していない**．しかし(c)ではA_1のときはB_2の値が高く，逆にA_2のときはB_1の値が高くなっている．(d)では，A_1のときはB_1，B_2の値にほとんど差は見られないが，A_2のときは，B_1のほうがB_2よりかなり大きな値を示している．(c)，(d)ではA水準とB水準の組合せにより，特性値が**異なる**といえる．

(3) ばらつきの分解と平方和の計算

一元配置実験では総平方和 S_T を A 間平方和 S_A と誤差平方和 S_E に分解して検討を行った.

繰返しのある二元配置実験では**総平方和** S_T を AB **間平方和** S_{AB} と**誤差平方和** S_E に分解する.

さらに AB 間平方和 S_{AB} を A **間平方和** S_A と B **間平方和** S_B および $A \times B$ **平方和** $S_{A \times B}$ に分解する(図 7.7).

すなわち，$S_T = S_A + S_B + S_{A \times B} + S_E$ となる

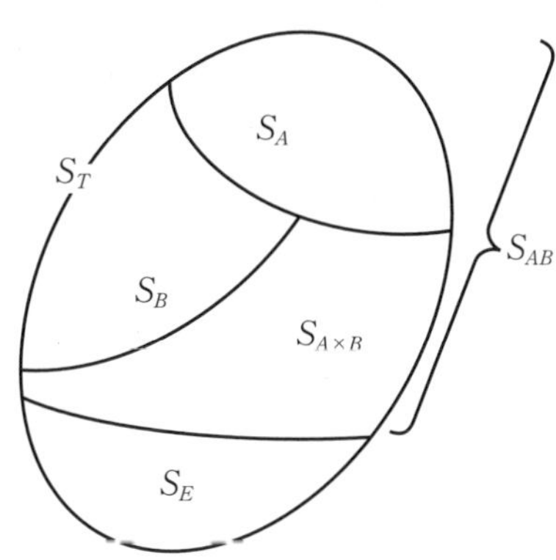

図 7.7　平方和の分解

S_T，S_{AB}，S_A，S_B，$S_{A \times B}$，S_E の計算は表 7.12 の繰返しデータを集計した表 7.14 の AB の二元表を用いて以下のように行う.

表 7.14　AB の二元表

	B_1	B_2	$\cdots$	B_m	A_i 水準のデータ和
A_1	$T_{11\cdot}$	$T_{12\cdot}$	$\cdots$	$T_{1m\cdot}$	$T_{1\cdot\cdot}$
$\vdots$	$\vdots$	$\vdots$	$\vdots$	$\vdots$	$\vdots$
A_l	$T_{l1\cdot}$	$T_{l2\cdot}$	$\cdots$	$T_{lm\cdot}$	$T_{l\cdot\cdot}$
B_j 水準のデータ和	$T_{\cdot1\cdot}$	$T_{\cdot2\cdot}$	$\cdots$	$T_{\cdot m\cdot}$	総計 T

＜繰返しのある二元配置実験での平方和の計算＞

修正項 $CT=\dfrac{(\text{データの総和})^2}{(\text{総データ数})}=\dfrac{T^2}{N}$

総平方和 $S_T=(\text{個々のデータの2乗和})-CT=\displaystyle\sum_{i=1}^{l}\sum_{j=1}^{m}\sum_{k=1}^{r}x_{ijk}{}^2-CT$

A **間平方和** $S_A=\displaystyle\sum_{i=1}^{l}\frac{(A_i\,\text{水準のデータの和})^2}{(A_i\,\text{水準のデータ数})}-CT=\sum_{i=1}^{l}\frac{T_{i\cdot\cdot}{}^2}{mr}-CT$

B **間平方和** $S_B=\displaystyle\sum_{j=1}^{m}\frac{(B_j\,\text{水準のデータの和})^2}{(B_j\,\text{水準のデータ数})}-CT=\sum_{j=1}^{m}\frac{T_{\cdot j\cdot}{}^2}{lr}-CT$

AB **間平方和** $S_{AB}=\displaystyle\sum_{i=1}^{l}\sum_{j=1}^{m}\frac{(A_iB_j\,\text{水準のデータの和})^2}{(A_iB_j\,\text{水準のデータ数})}-CT$

$$=\sum_{i=1}^{l}\sum_{j=1}^{m}\frac{T_{ij\cdot}{}^2}{r}-CT$$

$A\times B$ **平方和** $S_{A\times B}=S_{AB}-S_A-S_B$

誤差平方和 $S_E=S_T-S_{AB}=S_T-(S_A+S_B+S_{A\times B})$

ここで，A の水準数：l，B の水準数：m，繰返し数：r である．

＜繰返しのある二元配置実験での自由度の計算＞

総自由度 $\phi_T=(\text{総データ数})-1=N-1$

A **間平方和の自由度** $\phi_A=(A\,\text{の水準数})-1=l-1$

B **間平方和の自由度** $\phi_B=(B\,\text{の水準数})-1=m-1$

$A\times B$ **の自由度** $\phi_{A\times B}=\phi_A\times\phi_B=(l-1)(m-1)$

誤差の自由度 $\phi_E=\phi_T-(\phi_A+\phi_B+\phi_{A\times B})$

(4) 分散分析表の作成

繰返しのある二元配置実験では，3.3 節で求めた平方和と自由度を用いて，表 7.15 のような形式の分散分析表(1)を作成する．

一元配置実験と同様に，分散分析表で求めた**分散比(検定統計量)**F_0 を F **分布表より求めた棄却限界値** $F(\phi_{\text{要因}},\ \phi_E;\alpha)$**と比較**して**検定**する(**付表 5 参照**)．

有意水準 α は一般的には 5％(0.05)とするが，1％(0.01)とする場合もある．

表 7.15　分散分析表(1)

要因	平方和 S	自由度 ϕ	分散 V	分散比 F_0
A	S_A	ϕ_A	$V_A = S_A/\phi_A$	V_A/V_E
B	S_B	ϕ_B	$V_B = S_B/\phi_B$	V_B/V_E
$A \times B$	$S_{A\times B}$	$\phi_{A\times B}$	$V_{A\times B} = S_{A\times B}/\phi_{A\times B}$	$V_{A\times B}/V_E$
E	S_E	ϕ_E	$V_E = S_E/\phi_E$	

注）分散 V は，平均平方 V と呼ばれる場合もある．

$F_0 \geqq F(\phi_{要因},\ \phi_E\ ;\ \alpha)$ が成り立てば，有意水準 α にて「有意で**ある**」と判断して，「その要因は効果が**ある**(特性値に影響が**ある**)」と判断する．

(5) プーリングについての検討

分散分析表において，**交互作用 $A \times B$ が有意でなく，F_0 値も小さく無視できると考えられる場合**には，交互作用平方和 $S_{A\times B}$ を S_E に**プール**して(**プーリングという**)，$S_{E'}$ とする．

$$S_{E'} = S_E + S_{A\times B}$$

また自由度も同様に ϕ_E に $\phi_{A\times B}$ をプールして，$\phi_{E'}$ とする．

$$\phi_{E'} = \phi_E + \phi_{A\times B}$$

そして **$V_{E'} = S_{E'} / \phi_{E'}$ を新たな誤差分散(プーリングを行った誤差分散)**として表 7.16 の分散分析表(2)を作成する．

注）プーリングの目安は「F_0 値が **2** 以下」，または「有意水準 **20%** 程度で有意でない」とされる場合が多い．

表 7.16　分散分析表(2)

要因	平方和 S	自由度 ϕ	分散 V	分散比 F_0
A	S_A	ϕ_A	$V_A = S_A/\phi_A$	$V_A/V_{E'}$
B	S_B	ϕ_B	$V_B = S_B/\phi_B$	$V_B/V_{E'}$
E'	$S_{E'}$	$\phi_{E'}$	$V_E = S_{E'}/\phi_{E'}$	
計	S_T	ϕ_T		

新たな誤差分散 $V_{E'}$ と誤差の自由度 $\phi_{E'}$ を用いて検定をやり直す．F 分布表(付表

5)より求めた棄却限界値 $F(\phi_{要因},\ \phi_{E'};\ \alpha)$ と比較して検定する．

注）　最適水準の決定や分散分析後の推定の方法は，交互作用 $A \times B$ のプーリングを行ったかどうかで異なってくるので注意を要する．

(6)　交互作用 $A \times B$ が無視できない場合の推定

①　分散分析後のデータの構造式

$$x_{ijk} = \mu + a_i + b_j + (ab)_{ij} + \varepsilon_{ijk}$$

②　最適水準の決定

A_iB_j 水準の平均値 $\bar{x}_{ij\cdot}$ を見比べて決定する．

もし，最大条件を選ぶとすれば，表 7.14 の $T_{ij\cdot}$ **の値の中から最大値を示す水準**となる．

③　母平均の点推定

$$\hat{\mu}(A_iB_j) = \widehat{\mu + a_i + b_j + (ab)_{ij}} = \bar{x}_{ij\cdot}$$

もし，最大条件の点推定なら，表 7.14 の $T_{ij\cdot}$ の値の中から最大値を示す値の平均値を求めればよい．

④　母平均の区間推定：信頼率 $1 - \alpha$

$$\hat{\mu}(A_iB_j) \pm t(\phi_E,\ \alpha)\sqrt{\frac{V_E}{r}}$$

ϕ_E，V_E は表 7.15 の分散分析表(1)の値である．

r：繰返し数

(7)　交互作用 $A \times B$ が無視できる場合の推定

①　分散分析後のデータの構造式

$$x_{ijk} = \mu + a_i + b_j + \varepsilon_{ijk}$$

②　最適水準の決定

A については $\bar{x}_{i\cdot\cdot}$ を，B については $\bar{x}_{\cdot j\cdot}$ を見比べて決定する．

もし，最大条件を選ぶとすれば，表 7.14 の A については「A_i **水準のデータ和**」の欄から最大を示す水準を選び，B については「B_j **水準のデータ和**」の欄から最大を示す水準を選ぶ．

③　母平均の点推定

$$\hat{\mu}(A_iB_j) = \widehat{\mu + a_i + b_j} = \widehat{\mu + a_i} + \widehat{\mu + b_j} - \hat{\mu} = \bar{x}_{i\cdot\cdot} + \bar{x}_{\cdot j\cdot} - \bar{\bar{x}}$$

もし，最大条件の点推定なら，表 7.14 の A については「A_i 水準のデータ和」の欄から最大を示す水準を選んでその平均値を求め，B については「B_j 水準のデータ和」の欄から最大を示す水準を選んでその平均値を求め，両者を合計してから全平均値を引いて求める．

④ 母平均の区間推定：信頼率 $1-\alpha$

$$\hat{\mu}(A_iB_j) \pm t(\phi_{E'},\ \alpha)\sqrt{\frac{V_{E'}}{n_e}}$$

$\phi_{E'}$, $V_{E'}$ は表 7.16 分散分析表(2)の値である．

ここで n_e は**有効反復数**であり，これを求める公式として田口の式と伊奈の式がある．

<**田口の式**>

$$\frac{1}{n_e}=\frac{1+(\text{点推定に用いた要因の自由度の和})}{\text{総データ数}}$$

<**伊奈の式**>

$$\frac{1}{n_e}=(\text{点推定に用いられている平均の係数の和})$$

$$=\frac{1}{mr}+\frac{1}{lr}-\frac{1}{N}\quad (N-lmr:\text{総データ数})$$

(8) 繰返しのある二元配置実験の分散分析の手順

以下の例題によって繰返しのある二元配置実験の分散分析の手順を示す．

例題 7.3

機能性フィルム製品 Q において，フィルム貼り合わせ時の接着特性(剥離強度)を高めるために，製造条件を改善することになった．A 因子：硬化剤比率(2 水準)，B 因子：加熱温度(4 水準)で繰り返し 2 回，計 16 回の実験をランダムに行い，表 7.17 のデータを得た．値は大きい方が望ましい．分散分析を行い，要因効果の有無を検討するとともに，最適条件での母平均の点推定と区間推定(信頼率 95%)を行え．

表 7.17　剥離強度のデータ(単位：N/25mm)

	B_1	B_2	B_3	B_4
A_1	3	4	12	10
	6	7	16	9
A_2	13	17	13	1
	9	18	11	5

【解答 7.3】

手順 1　データの構造式

$$x_{ijk} = \mu + a_i + b_j + (ab)_{ij} + \varepsilon_{ijk}$$

手順 2　データのグラフ化(図 7.8)

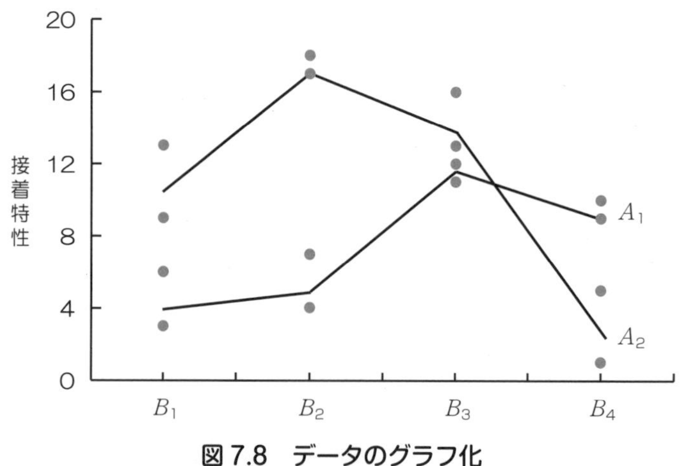

図 7.8　データのグラフ化

<考察>

A の効果，B の効果ともに**ありそうである**．交互作用 $A \times B$ は**ありそうである**．

手順 3　計算補助表の作成

①　総平方和 S_T を計算するためのデータの 2 乗表(表 7.18)を作成する．

表 7.18　データの 2 乗(x_{ijk}^2)表

	B_1	B_2	B_3	B_4	計
A_1	9 36	16 49	144 256	100 81	691
A_2	169 81	289 324	169 121	1 25	1179
計	295	678	690	207	1870

② 修正項 CT, A 間平方和 S_A, B 間平方和 S_B を計算するための AB の二元表(表 7.19)を作成する.

表 7.19　AB の二元表

	B_1	B_2	B_3	B_4	$T_{i\cdot\cdot}$	$T_{i\cdot\cdot}^2$
A_1	9	11	28	19	67	4489
A_2	22	35	24	6	87	7569
$T_{\cdot j\cdot}$	31	46	52	25	154	12058
$T_{\cdot j\cdot}^2$	961	2116	2704	625	6406	

③ AB 間平方和 S_{AB} を計算するための表 7.19 のデータを 2 乗した $T_{ij\cdot}^2$ 表(表 7.20)を作成する.

表 7.20　$T_{ij\cdot}^2$ 表

	B_1	B_2	B_3	B_4	計
A_1	81	121	784	361	1347
A_2	484	1225	576	36	2321
計	565	1346	1360	397	3668

手順 4　平方和の計算

手順 3 の数値を用いて各平方和を求める.

ここで, A の水準数：$l =$ **2**, B の水準数：$m =$ **4**, 繰返し数：$r =$ **2** である.

修正項 $CT = \frac{T^2}{N} = \frac{154^2}{16} = 1482.25$

総平方和 $S_T = \sum_{i=1}^{l}\sum_{j=1}^{m}\sum_{k=1}^{r} x_{ijk}^2 - CT = 1870 - 1482.25 = 387.75$

A 間平方和 $S_A = \sum_{i=1}^{l} \frac{(A_i \text{水準のデータの和})^2}{(A_i \text{水準のデータ数})} - CT$

$= \sum_{i=1}^{l} \frac{T_{i\cdot\cdot}^2}{mr} - CT = \frac{12058}{4 \times 2} - 1482.25 = 25.00$

B 間平方和 $S_B = \sum_{j=1}^{m} \frac{(B_j \text{水準のデータの和})^2}{(B_j \text{水準のデータ数})} - CT$

$= \sum_{j=1}^{m} \frac{T_{\cdot j\cdot}^2}{lr} - CT = \frac{6406}{2 \times 2} - 1482.25 = 119.25$

AB 間平方和 $S_{AB} = \sum_{i=1}^{l}\sum_{j=1}^{m} \frac{(A_iB_j \text{水準のデータの和})^2}{(A_iB_j \text{水準のデータ数})} - CT$

$= \sum_{i=1}^{l}\sum_{j=1}^{m} \frac{T_{ij\cdot}^2}{r} - CT = \frac{3668}{2} - 1482.25 = 351.75$

$A \times B$ 平方和 $S_{A \times B} = S_{AB} - S_A - S_B$

$= 351.75 - 25.00 - 119.25 = 207.50$

誤差平方和 $S_E = S_T - S_{AB} = 387.75 - 351.75 = 36.00$

手順５　自由度の計算

総自由度 $\phi_T = N - 1 = 16 - 1 = 15$

A 間平方和の自由度 $\phi_A = l - 1 = 2 - 1 = 1$

B 間平方和の自由度 $\phi_B = m - 1 = 4 - 1 = 3$

$A \times B$ の自由度 $\phi_{A \times B} = \phi_A \times \phi_B = 1 \times 3 = 3$

誤差の自由度 $\phi_E = \phi_T - (\phi_A + \phi_B + \phi_{A \times B}) = 15 - (1 + 3 + 3) = 8$

手順６　分散分析表の作成（表 7.21）

手順７　判定

① 主効果 A について

$F_0 = 5.56 > F(1, 8 ; 0.05) = 5.32$

② 主効果 B について

$F_0 = 8.83 > F(3, 8 ; 0.05) = 4.07$

③ 交互作用効果 $A \times B$ について

表 7.21　分散分析表(1)

要因	平方和 S	自由度 ϕ	分散 V	分散比 F_0
A	25.00	1	25.00	5.56*
B	119.25	3	39.75	8.83*
$A \times B$	207.50	3	68.17	15.4**
E	36.00	8	4.50	
計	387.75	15		

$$F_0 = 15.4 > F(3,\ 8\ ;0.01) = 7.59$$

となり，A, B は有意水準５%で $A \times B$ は有意水準 1%で「有意で**ある**」といえる．すなわち，硬化剤比率，加熱温度および両者の交互作用は，剥離強度に影響を与えているとい**える**．

手順８　分散分析後のデータの構造式

$$x_{ijk} = \mu + a_i + b_j + (ab)_{ij} + \varepsilon_{ijk}$$

交互作用 $A \times B$ が有意であったので，元のままである．

手順９　接着力が最も大きい水準における母平均の推定

最大組合せ水準は，交互作用が有意なので，表 7.19 の AB の二元表の A 因子と B 因子の組合せの８つの値の中の最大のものを選ぶ．

表 7.19 より，接着力が最も大きい組合せ水準は A_2B_2 水準である．

①　母平均の点推定

$$\hat{\mu}(A_2B_2) = \frac{35}{2} = 17.5$$

②　母平均の区間推定(信頼率 95%)

$$\hat{\mu}(A_2B_2) \pm t(\phi_E,\ 0.05)\sqrt{\frac{V_E}{r}}$$

$$= 17.5 \pm t(8,\ 0.05) \times \sqrt{\frac{4.50}{2}} = 17.5 \pm 2.306 \times \sqrt{2.25}$$

$$= 17.5 \pm 3.5 = 14.0,\ 21.0$$

よって，信頼下限：**14.0**，信頼上限：**21.0** となる

例題 7.4

アルミ製品 R において，コスト低減のために導入したプレス穴加工機でのダレ量が大きく問題になっている．そこで A 因子：パンチの形状(4 水準)，B 因子：穴あけ順序(3 水準)で繰り返し 2 回の実験をランダムに行い，表 7.22 のデータを得た．値は小さいほうが望ましい．

表 7.22 のデータについて分散分析を行い，要因効果の有無を検討した結果，表 7.23 の分散分析表(1)を得た．プーリングの有無を検討するとともに，最適条件での母平均の点推定と区間推定(信頼率 95%)を行え．

なお，分散分析の計算に用いた AB の二元表を表 7.24 に示す．

表 7.22　ダレ量のデータ(単位：mm)

	B_1	B_2	B_3
A_1	4.8	3.5	3.7
	4.2	3.2	3.9
A_2	3.8	3.0	3.6
	4.4	3.2	3.1
A_3	5.2	4.2	3.9
	5.7	3.4	3.3
A_4	4.6	3.4	3.9
	3.9	3.0	3.7

表 7.23　分散分析表(1)

要因	平方和 S	自由度 ϕ	分散 V	分散比 F_0
A	1.858	3	0.619	4.84*
B	6.466	2	3.233	25.3**
$A \times B$	1.194	6	0.199	1.55
E	1.540	12	0.128	
計	11.058	23		

表 7.24　AB の二元表

	B_1	B_2	B_3	$T_{i\cdot}$	$T_{i\cdot}^2$
A_1	9.0	6.7	7.6	23.3	542.89
A_2	8.2	6.2	6.7	21.1	445.21
A_3	10.9	7.6	7.2	25.7	660.49
A_4	8.5	6.4	7.6	22.5	506.25
$T_{\cdot j}$	36.6	26.9	29.1	92.6	1648.6
$T_{\cdot j}^2$	1340	723.6	846.81	2909.98	

【解答 7.4】

手順 1　データのグラフ化(図 7.9)

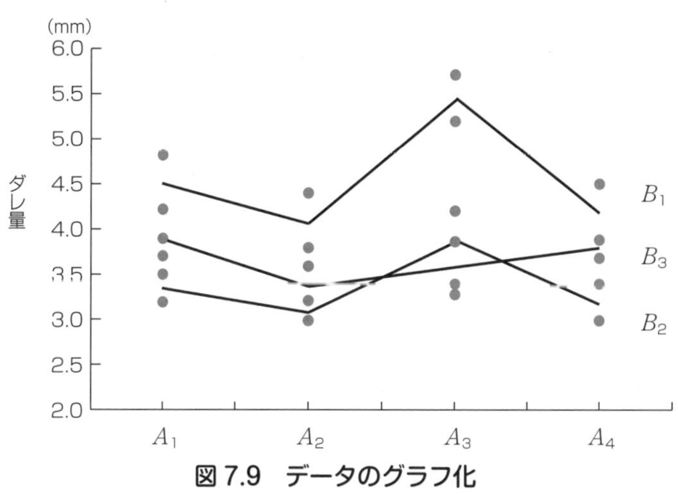

図 7.9　データのグラフ化

<考察>

A，B の効果とも**ありそうである**，交互作用は**なさそうである**.

手順 2　プールした分散分析表の作成

表 7.23 の分散分析表(1)において，交互作用効果 $A \times B$ について検定を行うと

$$F_0 = \mathbf{1.55} < F(\mathbf{6},\ \mathbf{12}\ ;\ 0.05) = \mathbf{3.00}$$

となり，有意水準５%で「有意で**ない**」.

交互作用 $A \times B$ が有意でなく，F_0 値も小さく無視できると考えられるので，交互作用平方和 $S_{A\times B}$ を S_E にプールして $S_{E'}$ として分散分析表(2)(表 7.25)を作成する.

表 7.25　分散分析表(2)

要因	平方和 S	自由度 ϕ	分散 V	分散比 F_0
A	1.858	3	0.619	4.07*
B	6.466	2	3.233	21.3**
E'	2.734	18	0.152	
計	11.058	23		

手順３　判定

①　主効果 A について

$$F_0 = 4.07 > F(3,\ 18\ ;\ 0.05) = 3.16$$

②　主効果 B について

$$F_0 = 21.3 > F(2,\ 18\ ;\ 0.01) = 6.01$$

となり，A は有意水準 5%で，B は有意水準 1%で「有意で**ある**」．すなわち，パンチの形状，穴あけ順序はダレ量に影響を与えているとい**える**．

手順４　分散分析後のデータの構造式

$$x_{ijk} = \mu + a_i + b_j + \varepsilon'_{ijk}$$

交互作用 $A \times B$ は誤差にプールしたので消えている．

手順５　ダレ量が最も小さい水準における母平均の推定

最小組合せ水準は，交互作用を考えないので，表 7.24 の AB の二元表の A については,「A_i 水準のデータ和」($T_{i\cdot}$)の欄から最小を示す水準，すなわち A_2 を選ぶ．B については「B_j 水準のデータ和」($T_{\cdot j}$)の欄から最小を示す水準，すなわち B_2 を選ぶ．以上より，ダレ量が最も小さい組合せ水準は A_2B_2 水準である．

①　母平均の点推定

$$\hat{\mu}(A_2B_2) = \widehat{\mu + a_2 + b_2} = \widehat{\mu + a_2} + \widehat{\mu + b_2} - \hat{\mu}$$

$$= \frac{21.1}{6} + \frac{26.9}{8} - \frac{92.6}{24} = 3.02$$

②　母平均の区間推定(信頼率 95%)

a)　まず有効反復数 n_e を求める

<田口の式>

$$\frac{1}{n_e} = \frac{1 + (\text{点推定に用いた要因の自由度の和})}{\text{総データ数}}$$

$$=\frac{1+\phi_A+\phi_B}{24}=\frac{1+3+2}{24}=\frac{1}{4}$$

<**伊奈の式**>

$$\frac{1}{n_e}=(\text{点推定に用いられている平均の係数の和})$$

$$=\frac{1}{mr}+\frac{1}{lr}-\frac{1}{N}=\frac{1}{6}+\frac{1}{8}-\frac{1}{24}=\frac{1}{4}$$

b)　区間推定の計算

$$\hat{\mu}(A_2B_2)\pm t(\phi_{E'},\ 0.05)\sqrt{\frac{V_{E'}}{n_e}}=3.02\pm t(18,\ 0.05)\times\sqrt{\frac{0.152}{4}}$$

$$=3.02\pm 2.101\times\sqrt{0.038}=3.02\pm 0.41=2.61,\ 3.43$$

よって，信頼下限：**2.61**，信頼上限：**3.43** となる．

4．繰返しのない二元配置実験の解析の手順

因子を 2 つ取り上げ，両因子の各水準のすべての組合せ条件で，繰返しを行わず 1 回だけ実験を行うものを「繰返しのない二元配置実験」という．

(1)　データの構造式

データ x_{ij} の構造式は以下のようになる．

$x_{ij}=\mu+a_i+b_j+\varepsilon_{ij}$

μ ：一般平均

a_i：因子 A の主効果($i=1,\ 2,\ \cdots,\ l$)

b_j：因子 B の主効果($j=1,\ 2,\ \cdots,\ m$)

ε_{ij}：誤差

(2)　主効果と交互作用

繰返しのない二元配置実験では，総平方和は主効果の平方和と誤差平方和に分解されるだけで，交互作用が存在していても，その効果は誤差と交絡し分離できない．したがって，**交互作用の有無を検出することはできない．**

繰返しのない二元配置実験は交互作用が存在しないことがはっきりしている場合にのみ適用すべきである．

(3)　ばらつきの分解と平方和の計算

繰返しのない二元配置実験では総平方和 S_T を A 間平方和 S_A と B 間平方和 S_B および誤差平方和 S_E に分解する．

すなわち，$S_T = S_A + S_B + S_E$ となる．

S_T，S_A，S_B，S_E の計算は，表 7.26 を用いて，繰返しのない二元配置実験での平方和の計算，A の水準数：l，B の水準数：m，データ総数 $N = lm$ として以下のように行う．

表 7.26　データ集計表

	B_1	B_2	…	B_m	A_i 水準のデータ和
A_1	T_{11}	T_{12}	…	T_{1m}	$T_{1\cdot}$
⋮	⋮	⋮	⋮	⋮	⋮
A_l	T_{l1}	T_{l2}	…	T_{lm}	$T_{l\cdot}$
B_j 水準のデータ和	$T_{\cdot 1}$	$T_{\cdot 2}$	…	$T_{\cdot m}$	総計 T

修正項 $CT = \dfrac{(\text{データの総和})^2}{(\text{総データ数})} = \dfrac{T^2}{N}$

総平方和 $S_T = (\text{個々のデータの2乗和}) - CT = \displaystyle\sum_{i=1}^{l}\sum_{j=1}^{m} x_{ij}{}^2 - CT$

A 間平方和 $S_A = \displaystyle\sum_{i=1}^{l} \frac{(A_i\ \text{水準のデータの和})^2}{(A_i\ \text{水準のデータ数})} - CT = \sum_{i=1}^{l} \frac{T_{i\cdot}^2}{m} - CT$

B 間平方和 $S_B = \displaystyle\sum_{j=1}^{m} \frac{(B_j\ \text{水準のデータの和})^2}{(B_j\ \text{水準のデータ数})} - CT = \sum_{j=1}^{m} \frac{T_{\cdot j}^2}{l} - CT$

誤差平方和 $S_E = S_T - S_A - S_B$

<繰返しのない二元配置実験での自由度の計算>

総自由度 $\phi_T = (\text{総データ数}) - 1 = N - 1$

A 間平方和の自由度 $\phi_A = (A\ \text{の水準数}) - 1 = l - 1$

B 間平方和の自由度 $\phi_B = (B\ \text{の水準数}) - 1 = m - 1$

誤差の自由度 $\phi_E = \phi_T - \phi_A - \phi_B$

(4)　分散分析表の作成

繰返しのない二元配置実験では，表 7.27 の形式の分散分析表を作成する．

表 7.27　分散分析表

要因	平方和 S	自由度 ϕ	分散 V	分散比 F_0
A	S_A	ϕ_A	$V_A = S_A/\phi_A$	V_A/V_E
B	S_B	ϕ_B	$V_B = S_B/\phi_B$	V_B/V_E
E	S_E	ϕ_E	$V_E = S_E/\phi_E$	
計	S_T	ϕ_T		

分散比（検定統計量）F_0 を F 分布表（付表 5）より求めた棄却限界値 $F(\phi_{要因},\ \phi_E;\ \alpha)$ と比較して検定する．

有意水準 α は一般的には5％（0.05）とするが，1％（0.01）とする場合もある．

$F_0 \geqq F(\phi_{要因},\ \phi_E;\ \alpha)$ が成り立てば，有意水準 α で「有意である」と判断して，「その要因は効果がある（特性値に影響がある）」と判断する．

（5）　組合せ条件による母平均の推定

①　最適水準の決定

A については $\bar{x}_{i\cdot}$ を，B については $\bar{x}_{\cdot j}$ を見比べて決定する．

もし，最大条件を選ぶとすれば，表 7.26 の A については「A_i 水準のデータ和」の欄から最大を示す水準を選び，B については「B_j 水準のデータ和」の欄から最大を示す水準を選ぶ．

②　母平均の点推定

$$\hat{\mu}(A_iB_j) = \widehat{\mu + a_i + b_j} = \widehat{\mu + a_i} + \widehat{\mu + b_j} - \hat{\mu} = \bar{x}_{i\cdot} + \bar{x}_{\cdot j} - \bar{\bar{x}}$$

もし，最大条件の点推定なら，表 7.26 の A については「A_i 水準のデータ和」の欄から最大を示す水準を選んでその平均値を求め，B については「B_j 水準のデータ和」の欄から最大を示す水準を選んでその平均値を求め，両者を加えてから全平均値を引いて求める．

③　母平均の区間推定：信頼率 $1 - \alpha$

$$\hat{\mu}(A_iB_j) \pm t(\phi_E,\ \alpha)\sqrt{\frac{V_E}{n_e}}$$

ϕ_E，V_E は表 7.27 の値である．

n_e は**有効反復数**であり，これを求める公式として田口の式と伊奈の式がある．

＜田口の式＞

$$\frac{1}{n_e}=\frac{1+(\text{点推定に用いた要因の自由度の和})}{(\text{総データ数})}$$

$$=\frac{1+\phi_A+\phi_B}{lm}=\frac{1+(l-1)+(m-1)}{lm}=\frac{l+m-1}{lm}$$

＜伊奈の式＞

$$\frac{1}{n_e}=(\text{点推定に用いられている平均の係数の和})$$

$$=\frac{1}{m}+\frac{1}{l}-\frac{1}{lm}=\frac{l+m-1}{lm}$$

(6) 繰返しのない二元配置実験の分散分析の手順

以下の例題によって，繰返しのない二元配置実験の分散分析の手順を示す．

例題 7.5

特殊レンズの透過性を向上させるため，A：添加物の種類，B：焼結温度を各 3 水準にとって，すべての水準組合せで 1 回ずつ，計 9 回の実験をランダムな順序で行った．実験の結果得られた特定波長での透過率(%)のデータを表 7.28 に示す．分散分析を行い，各要因の効果を検討せよ．そして，この実験条件のうちで透過性を最も高められる思われる条件での透過率の母平均を信頼率 95%で推定せよ．

表 7.28　透過率のデータ(単位：%)

	B_1	B_2	B_3
A_1	12	11	8
A_2	10	8	4
A_3	6	7	5

【解答 7.5】

手順 1　データの構造式

$$x_{ij}=\mu+a_i+b_j+\varepsilon_{ij}$$

手順 2　データのグラフ化(図 7.10)

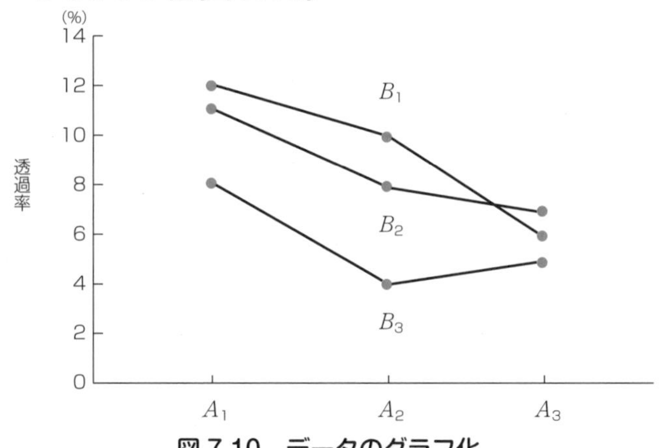

図 7.10　データのグラフ化

<考察>

A，B の効果とも**ありそうである**，交互作用は**なさそうである**.

手順 3　計算補助表の作成

① 総平方和 S_T を計算するためのデータの 2 乗表(表 7.29)を作成する.

表 7.29　データの 2 乗(x^2_{ijk})表

	B_1	B_2	B_3	計
A_1	**144**	**121**	**64**	**329**
A_2	**100**	**64**	**16**	**180**
A_3	**36**	**49**	**25**	**110**
計	**280**	**234**	**105**	**619**

② 修正項 CT，A 間平方和 S_A，B 間平方和 S_B を計算するための集計表(表 7.30)を作成する.

表 7.30　集計表

	B_1	B_2	B_3	$T_{i\cdot}$	$T_{i\cdot}^2$
A_1	12	11	8	**31**	**961**
A_2	10	8	4	**22**	**484**
A_3	6	7	5	**18**	**324**
$T_{\cdot j}$	**28**	**26**	**17**	**71**	**1769**
$T_{\cdot j}^2$	**784**	**676**	**289**	**1749**	

手順４　平方和の計算

修正項 $CT = \frac{T^2}{N} = \frac{71^2}{9} = 560.11$

総平方和 $S_T = \sum_{i=1}^{l}\sum_{j=1}^{m} x_{ij}{}^2 - CT = 619 - 560.11 = 58.89$

A 間平方和 $S_A = \sum_{i=1}^{l} \frac{T_{i\cdot}{}^2}{m} - CT = \frac{1769}{3} - 560.11 = 29.56$

B 間平方和 $S_B = \sum_{j=1}^{m} \frac{T_{\cdot j}{}^2}{l} - CT = \frac{1749}{3} - 560.11 = 22.89$

誤差平方和 $S_E = S_T - S_A - S_B = 58.89 - 29.56 - 22.89 = 6.44$

手順５　自由度の計算

総自由度 $\phi_T = N - 1 = 9 - 1 = 8$

A 間平方和の自由度 $\phi_A = l - 1 = 3 - 1 = 2$

B 間平方和の自由度 $\phi_B = m - 1 = 3 - 1 = 2$

誤差の自由度 $\phi_E = \phi_T - (\phi_A + \phi_B) = 8 - (2 + 2) = 4$

手順６　分散分析表の作成（表 7.31）

表 7.31　分散分析表

要因	平方和 S	自由度 ϕ	分散 V	分散比 F_0
A	29.56	2	14.78	9.18*
B	22.89	2	11.45	7.11*
E	6.44	4	1.61	
計	58.89	8		

手順７　判定

①　主効果 A について

$F_0 = 9.18 > F(2,\ 4\ ;\ 0.05) = 6.94$

②　主効果 B について

$F_0 = 7.11 > F(2,\ 4\ ;\ 0.05) = 6.94$

となり，A，B とも有意水準５％で「有意である」.

手順８　透過率が最も大きい水準における母平均の推定

①　最適水準の決定

最大条件を選ぶので，表 7.30 の集計表より，A については $T_{i\cdot}$ の値の最も大きい A_1 水準を選ぶ．B については $T_{\cdot j}$ の値の最も大きい B_1 水準を選ぶ．

② 母平均の点推定

$$\hat{\mu}(A_1B_1) = \widehat{\mu + a_1 + b_1} = \widehat{\mu + a_1} + \widehat{\mu + b_1} - \hat{\mu}$$
$$= \bar{x}_{i\cdot} + \bar{x}_{\cdot j} - \bar{\bar{x}} = \frac{31}{3} + \frac{28}{3} - \frac{71}{9} = 11.78$$

③ 母平均の区間推定：信頼率 $1 - \alpha$

1) 有効反復数 n_e を求める

$$\frac{1}{n_e} = \frac{l + m - 1}{lm} = \frac{3 + 3 - 1}{3 \times 3} = \frac{5}{9}$$

2) 区間推定を行う

$$\hat{\mu}(A_1B_1) \pm t(\phi_E,\ \alpha)\sqrt{\frac{V_E}{n_e}} = 11.78 \pm t(4,\ 0.05) \times \sqrt{\frac{1.61 \times 5}{9}}$$
$$= 11.78 \pm 2.776 \times 0.946 = 11.78 \pm 2.63 = 9.15,\ 14.41$$

よって，信頼下限：9.15，信頼上限：14.41 となる．

これができれば合格！

一元配置実験と二元配置実験について次のことができること．

- 分散分析表の各項目を埋めることができる．
- 各平方和が計算できる．
- 各自由度が計算できる．
- F 検定での判定ができる．
- 交互作用のプーリングの有無が判定できる．
- 母平均の点推定，区間推定ができる．

第8章

相関分析・回帰分析

品質管理では，要因と特性など2つの変数の間の関係について調べることが重要である．これには，変数間の関係を調べる相関分析と，目的とする変数の変化をもう一方の変数によって説明する回帰分析がある．

本章では，“ 相関分析 ”と“ 回帰分析 ”について学び，下記のことができるようにしておいてほしい．

- 相関分析の意味の説明と無相関の検定
- 単回帰式の推定
- 単回帰の分散分析
- 回帰における残差の検討

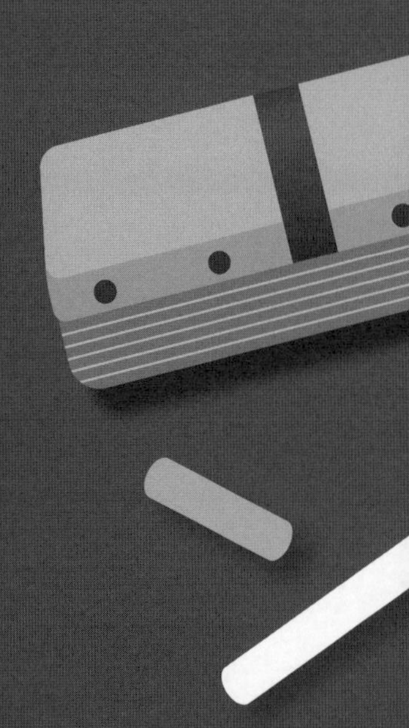

08-01 相関分析

重要度 ●●●
難易度 ■■■

1．相関分析とは

対応のある 2 種類の測定値 x，y 間で，x の変化に応じて y の母平均が直線的に変化する場合，両者の間には「**相関がある**」といい，相関の有無を統計的に判断する方法を**相関分析**と呼ぶ．相関関係の正負や強弱は散布図によっておおよそつかむことができるが，これを統計的に判断するものに**相関係数** r がある．

相関係数 r は次の式で計算することができる．

$$相関係数\ r=\frac{(x\ \text{と}\ y\ \text{の積和})}{\sqrt{(x\ \text{の平方和})\times(y\ \text{の平方和})}}=\frac{S_{xy}}{\sqrt{S_{xx}\,S_{yy}}}$$

$$=\frac{\sum(x_i-\bar{x})(y_i-\bar{y})}{\sqrt{\left\{\sum(x_i-\bar{x})^2\right\}\times\left\{\sum(y_i-\bar{y})^2\right\}}}$$

ここで，散布図と相関係数の関係を考えてみる．

図 8.1 のように打点された散布図がある場合，$\bar{x}$，$\bar{y}$ の線を引いて，散布図をⅠ～Ⅳの象限に分割する．このときの各象限での$(x-\bar{x})$，$(y-\bar{y})$および$(x-\bar{x})(y-\bar{y})$の正負は表 8.1 のようになる．

この表 8.1 から，以下のように散布図の点の並びと相関係数の関係が理解できる．

① Ⅰ，Ⅲ象限に点が多く集まる散布図

$(x-\bar{x})(y-\bar{y})$は＋の値が多い→ S_{xy} は正の大きい値→ r は **+1** に近づく→**正の相関**

② Ⅱ，Ⅳ象限に点が多く集まる散布図

$(x-\bar{x})(y-\bar{y})$はーの値が多い→ S_{xy} は負の大きい値→ r は **－1** に近づく→**負の相関**

③ 各象限の点がほぼ等しい散布図

$(x-\bar{x})(y-\bar{y})$の合計は **0** に近づく→ S_{xy} は 0 に近づく→ r は **0** に近づく→**無相関**

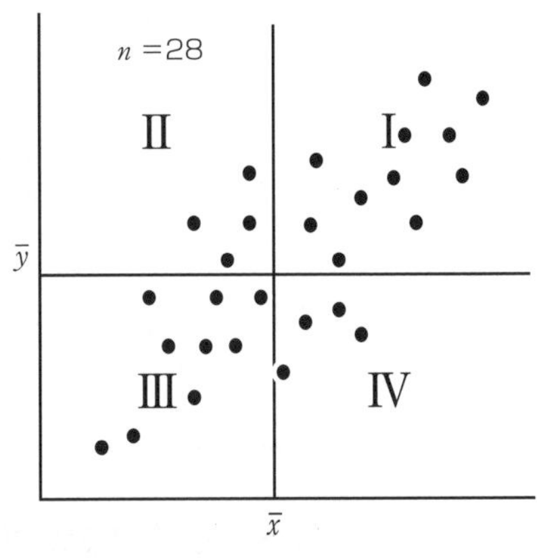

図 8.1　散布図

表 8.1　各象限の$(x-\bar{x})$，$(y-\bar{y})$，$(x-\bar{x})(y-\bar{y})$の正負の符号

	$(x-\bar{x})$	$(y-\bar{y})$	$(x-\bar{x})(y-\bar{y})$
Ⅰ	＋	＋	＋
Ⅱ	−	＋	−
Ⅲ	−	−	＋
Ⅳ	＋	−	−

相関係数は，x と y がどの程度直線的な関係であるかどうかを見ることであり，全体のデータの中で**外れ値**があったり，**曲線的**な関係にある場合には，相関係数を求めることに意味がない．例えば，図 8.2 のような散布図が得られたときには，相関係数を求めることにはあまり意味がなく，散布図を見て**曲線的**な関係があるか，または x が大きくなると負の相関から正の相関に関係が変化すると判断する．

また，相関係数は x と y とがともに**正規分布**に従う場合に意味があることにも注意する．

相関係数 r は**−1**から**＋1**までの値をとり，**−1**に近づくほど**強い負の相関**関係，**＋1**に近づくほど**強い正の相関**関係がある．**−1**または**＋1**のときにはデータの点がすべて 1 つの**直線**上にある．また，**0**に近づくほど相関関係が弱くなり，**無相関**となる．

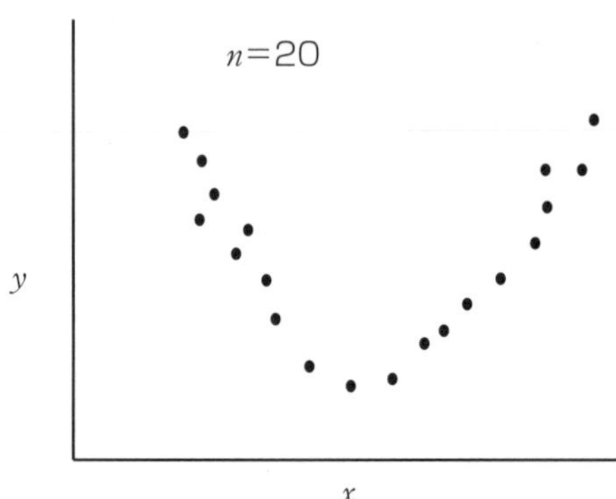

図 8.2　曲線的な関係が見られる散布図

2. 相関係数の計算と無相関の検定

以下の例題によって，相関分析の手順を示す．

例題 8.1

特殊金属材料についてQ成分含有量 x(ppm)と伸び y(%)との関係を調査し，表 8.2 を得た．x と y の関係について相関分析を行え．x と y の散布図を図 8.3 に示す．

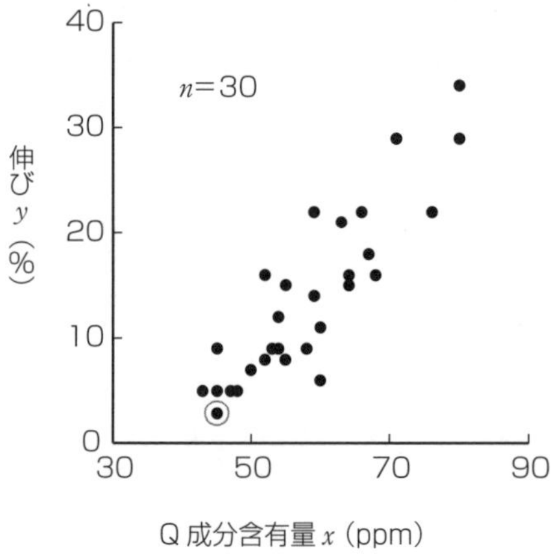

図 8.3　Q 成分含有量 x と伸び y の散布図

【解答 8.1】

(1) 相関係数の計算

手順 1 計算表の作成

データから x^2，y^2，xy を計算し，合計を求める(表 8.2).

表 8.2 データ表

No.	Q 成分含有量 x(ppm)	伸び y(%)	x^2	y^2	xy
1	45	3	2025	9	135
2	68	16	4624	256	1088
3	71	29	5041	841	2059
4	76	22	5776	484	1672
5	60	11	3600	121	660
6	64	15	4096	225	960
7	67	18	4489	324	1206
8	45	5	2025	25	225
9	50	7	2500	49	350
10	52	8	2704	64	416
11	45	3	2025	9	135
12	53	9	2809	81	477
13	59	22	3481	484	1298
14	48	5	2304	25	240
15	59	14	3481	196	826
16	47	5	2209	25	235
17	45	9	2025	81	405
18	66	22	4356	484	1452
19	54	9	2916	81	486
20	55	15	3025	225	825
21	63	21	3969	441	1323
22	80	29	6400	841	2320
23	80	34	6400	1156	2720
24	52	16	2704	256	832
25	60	6	3600	36	360
26	43	5	1849	25	215
27	55	8	3025	64	440
28	58	9	3364	81	522
29	54	12	2916	144	648
30	64	16	4096	256	1024
合計	1738	403	103834	7389	25554

08-01 相関分析

第8章 相関分析・回帰分析

手順2　平方和と積和の計算

$$S_{xx}=\sum(x_i-\bar{x})^2=\sum x_i^2-\frac{\left(\sum x_i\right)^2}{n}=103834-\frac{1738^2}{30}=3145.9$$

$$S_{yy}=\sum(y_i-\bar{y})^2=\sum y_i^2-\frac{\left(\sum y_i\right)^2}{n}=7389-\frac{403^2}{30}=1975.4$$

$$S_{xy}=\sum(x_i-\bar{x})(y_i-\bar{y})=\sum x_i y_i-\frac{\left(\sum x_i\right)\times\left(\sum y_i\right)}{n}$$

$$=25554-\frac{1738\times 403}{30}=2206.9$$

手順3　相関係数の計算

$$r=\frac{S_{xy}}{\sqrt{S_{xx}S_{yy}}}=\frac{2206.9}{\sqrt{3145.9\times 1975.4}}=0.8853\rightarrow 0.885$$

(2)　母相関係数の検定（無相関の検定）

相関係数（試料相関係数）r は，サンプルから得られたデータから求めた**統計量**である．よって，これを用いて母相関係数 $\rho=0$ の検定，すなわち**無相関の検定**を行うことができる．

手順1　検定の目的の設定

x と y との間に相関関係があるかどうかの，**両側検定**を行う．

手順2　帰無仮説 H_0 と対立仮説 H_1 の設定

母相関係数 $\rho=0$ を帰無仮説とする．

H_0：$\rho=0$　（x と y との間に相関関係はない）

H_1：$\rho\neq 0$　（x と y との間に相関関係がある）

手順3　検定統計量の選定

$$t_0=\frac{(\text{相関係数})\times\sqrt{(\text{サンプル数})-2}}{\sqrt{1-(\text{相関係数})^2}}=\frac{r\sqrt{n-2}}{\sqrt{1-r^2}}$$

を検定統計量とする．

手順4　有意水準の設定

$\alpha=0.05$

手順５　棄却域の設定

$$R: |t_0| \geqq t(\phi,\ \alpha) = t(n-2,\ \alpha) = t(28,\ 0.05) = \mathbf{2.048}$$

手順６　検定統計量の計算

検定統計量 t_0 の計算：

$$t_0 = \frac{r\sqrt{n-2}}{\sqrt{1-r^2}} = \frac{0.885 \times \sqrt{(30-2)}}{\sqrt{1-0.885^2}} = 10.06$$

手順７　検定結果の判定

$$|t_0| = \mathbf{10.06} > t(\mathbf{28},\ \mathbf{0.05}) = \mathbf{2.048}$$

となり，検定統計量の値は**棄却域に入り，有意水準 5%で有意となった**.

手順８　結論

帰無仮説 H_0：$\rho = 0$ は**棄却**され，対立仮説 H_1：$\rho \neq 0$ が**採択**された．有意水準 5%で x と y との間に相関関係が**あるといえる**.

注 1)　t 検定の代わりに，検定統計量 r，棄却域 R：$|r| \geqq r(\phi,\ \alpha) = r(n-2,\ \alpha)$ を用いた r 表による検定も行うことができる．$r(\phi,\ \alpha)$ の値は，r 表（付表 6）より，自由度 $\phi = (n-2)$，$P = 0.05$（両側確率）に相当する r を求めるが，本問の場合，自由度 **28** の値が表にないので，より安全側の $r(\mathbf{25},\ 0.05) = \mathbf{0.3809}$ の値を用いる．すなわち，

$$r = \mathbf{0.885} > r(\mathbf{25},\ 0.05) = \mathbf{0.3809} > r(\mathbf{28},\ 0.05)$$

となり，有意水準 5%で x と y との間には相関関係が**あるといえる**.

注 2)　母相関係数 ρ の推定について，$\rho \neq 0$ のときには，r の分布が正規分布とはならないので，r を下記の z に変換（z 変換）し，z の分布が正規分布 $N\left(tanh^{-1}\rho + \frac{\rho}{2(n-1)},\ \frac{1}{n-3}\right)$ に近似できることを用いて，推定および検定（$\rho \neq 0$ のとき）を行うことができる.

$$z \text{変換}: z = \frac{1}{2}\ln\frac{1+r}{1-r} = tanh^{-1} r$$

注 3)　母相関係数は２つの確率変数 X，Y の関係を表す量で，

$$\rho(X,\ Y) = \frac{Cov(X,\ Y)}{\sqrt{V(X) \times V(Y)}}$$

となる．この式の分子は共分散 $Cov(X,\ Y)$ で，２つの確率変数の偏差の積の期待値である．このように共分散の大きさは，各変数の単位によって変化するが，相関係数は単位に依存せず（無次元），確率変数間の関係を表す

ことができる.

3. 系列相関

2つの変数間の相関関係を調べる際に，それぞれの変数の分布が正規分布からずれている場合や，**外れ値**がありその影響が無視できない場合に，**大波の相関の検定**，**小波の相関の検定**を行うことがある．これらは，いずれも**符号検定**による検定を行う．

(1) 符号検定

勝負の勝ち負けや数値の大小など二値に分類されるデータについて，それぞれの確率が **1/2** であるかどうかを調べる場合に用いられる．

手順 1　二値のデータを＋と－などの符号をつける．

手順 2　データの中で＋の個数を n^+，－の個数を n^-，これらの合計を $N = n^+ + n^-$ する．

手順 3　符号検定表(付表 7)を用いて N と有意水準(0.01 または 0.05)から表中の数を読む．

手順 4　(n^+と n^-のうちの少ないほうの符号の数)が手順 3 の数値以下であれば有意となり，それぞれの確率が 1/2 ではないと判定する．

(2) 大波の相関の検定

> 大波の相関の検定とは，2つの変数のデータが，**メディアン**(**中央値**)より大きければ＋，小さければ－とし，対になった符号の組合せが＋と＋の場合は＋，－と－の場合は＋，＋と－の場合は－，－と＋の場合は－と**符号化**して符号検定を行う．

これは，**メディアン**を基準にして，一方の変数が大きくなれば他方の変数も大きくなる，あるいは一方の変数が大きくなれば他方の変数は小さくなるという**周期の長い**変動が一致しているかどうかを調べている．

(3) 小波の相関の検定

小波の相関の検定とは，２つの変数のデータが，測定順の**前の値**より大きければ＋，小さければ−とし，対になった符号の組合せが＋と＋の場合は＋，−と−の場合は＋，＋と−の場合は−，−と＋の場合は−と符号化して**符号検定**を行う．

これは，**直前の値**との大小関係という**周期の短い**変動が一致しているかどうかを調べている．

08-02 単回帰分析

重要度 ●●●
難易度 ■■■

1. 回帰分析とは

相関分析が2つの変数の間の関係を解析する手法であるのに対し，回帰分析は目的とする変数の変化をもう一方の変数の値によって**推定**することが目的である．

回帰分析の中で**単回帰分析**は，同じように2つの変数を扱う相関分析との違いがよくわからないという方も多いと思われる．説明するための変数が1つの場合を**単回帰分析**，説明するための変数が2つ以上の場合を**重回帰分析**と呼ぶ（目的とする変数は常に1つである）．

回帰分析は，目的とする変数（**目的変数**）と説明するための変数（**説明変数**）との関係式（**回帰式**という）を求めるための手法であるといえる．

例えば，目的変数が製品の硬さ，説明変数が加工温度である場合の単回帰分析を考える．2つの変数間に直線的な関係があるとすれば，この直線の傾きと切片を求めることができれば，2つの変数の関係が定量的に求められたことになる．

（製品の硬さ）＝**定数（切片）**＋（**傾きの係数**）×（加工温度）＋誤差

この関係式のことを回帰式といい，得られた直線を**回帰直線**という．また，直線の傾きを表す係数を**回帰係数**という．

第7章で解説した実験計画法では，「母平均が因子の効果によって変動する」と考えたが，回帰分析は，「母平均（目的変数）が説明変数によって**直線的**に変動する」と考え，傾きの係数を統計的に推定したり検定したりする．

回帰式は，散布図上の点の縦軸の値（実測値）と，横軸の値（実測値）に対する回帰直線上の縦軸の値との差の2乗の和（散布図上のすべての点について）が最も小さくなるように**傾き**や**切片**を決めることを行う．この方法を**最小二乗法**という．

散布図上の点の関係を表す際に，「大体こんな関係かな」という風に直線を引っ張ることは，誰もが経験しているだろう．最小二乗法は，この「適当に直線を引く」ことを，統計的に行う手法である．

回帰式が求まれば，将来，加工温度の値から製品の硬さを**予測**することもでき，加工温度が変わることによって硬さがどれくらい変化するかもわかる.

2. 回帰式

単回帰分析は，目的とする変数に対し説明する変数を使って予測や制御を行うことを目的する．ここで，「**予測や制御の対象とする変数**」を**目的変数**といい記号 y で表す．また，「**予測や制御の説明に用いる変数**」を**説明変数**といい，記号 x で表す．これらの変数を測定した n 組のデータに対して，次のような構造式を考える.

$$y_i = a + bx_i + \varepsilon_i$$

ただし，誤差 ε_i は，互いに独立で母平均 0 の正規分布に従っていると考える.

この構造式は，目的変数である y_i が，説明変数 x_i の 1 次式（b 倍して a を加えた項）に，誤差 ε_i が伴っていることを表している.

ここで，b は**回帰係数**，a は切片（定数項）と呼ばれる.

3. 最小二乗法と単回帰式の推定

x と y との関係式を求めることが回帰分析の目的である.

仮に，$\hat{y} = a + bx$ の回帰式が得られたとして y の実測値である y_i と $(a+bx_i)$ の差（残差）を 2 乗し，これらの和（残差平方和）を最小にする a，b を求めると，これが x から y を推定するのに最もばらつきの少ない推定値を得る方法となる．この方法を**最小二乗法**という．図 8.4 に最小二乗法の考え方を示す.

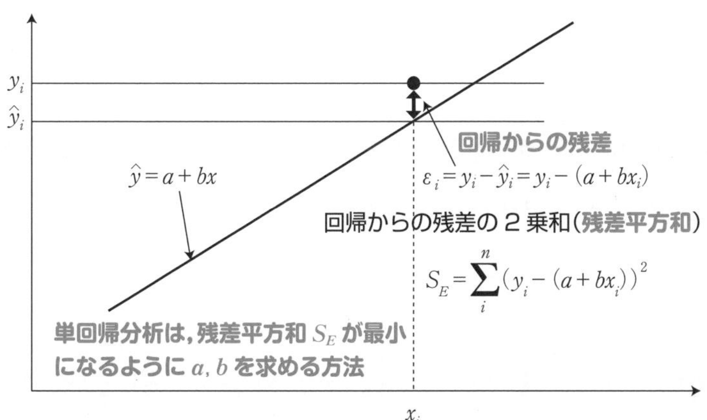

図 8.4 最小二乗法の考え方

このときの，切片 a，回帰係数 b は，

回帰係数 $b = \dfrac{(x \text{ と } y \text{ の積和})}{(x \text{ の平方和})} = \dfrac{S_{xy}}{S_{xx}}$

切片 $a = (y \text{ の平均値}) - b \times (x \text{ の平均値}) = \bar{y} - b\bar{x} = \bar{y} - \dfrac{S_{xy}}{S_{xx}}\bar{x}$

第8章 相関分析・回帰分析

と求めることができる．

注） 最小二乗法は，散布図上のすべての点について $Q(a,\ b) = \sum_{i=1}^{n} \{y_i - (a + bx_i)\}^2$ が最小になるように a，b を決める．

$$\begin{aligned}
Q(a,\ b) &= \sum_{i=1}^{n} \{y_i - (a + bx_i)\}^2 = \sum_{i=1}^{n} \{(y_i - \bar{y}) - b(x_i - \bar{x}) + (\bar{y} - a - b\bar{x})\}^2 \\
&= \sum_{i=1}^{n} (y_i - \bar{y})^2 + b^2 \sum_{i=1}^{n} (x_i - \bar{x})^2 + (\bar{y} - a - b\bar{x})^2 \sum_{i=1}^{n} 1 \\
&\quad -2b \sum_{i=1}^{n} (x_i - \bar{x})(y_i - \bar{y}) + 2(\bar{y} - a - b\bar{x}) \sum_{i=1}^{n} (y_i - \bar{y}) \\
&\quad -2b(\bar{y} - a - b\bar{x}) \sum_{i=1}^{n} (x_i - \bar{x}) \\
&= S_{yy} + b^2 S_{xx} + n(\bar{y} - a - b\bar{x})^2 - 2bS_{xy} \\
&= S_{xx}\left\{b - \frac{S_{xy}}{S_{xx}}\right\}^2 + n(\bar{y} - a - b\bar{x})^2 + S_{yy} - \frac{S_{xy}^2}{S_{xx}}
\end{aligned}$$

ここで，第 1 項も第 2 項も 0 以上なので，ともに 0 になるときに $Q(a,\ b)$ は最小になる．したがって，$b = \dfrac{S_{xy}}{S_{xx}}$ でかつ $\bar{y} - a - b\bar{x} = 0$ のとき，$Q(a,\ b)$ は最小になることがわかり，そのとき a，b は，

$$b = \frac{S_{xy}}{S_{xx}},\quad a = \bar{y} - b\bar{x} = \bar{y} - \frac{S_{xy}}{S_{xx}}\bar{x}$$

となる．

例題 8.2

表 8.2(p.159)のデータから回帰式を求めよ．

【解答 8.2】

手順 1　$\bar{x}$, $\bar{y}$ の計算

表 8.2 より,

$$\bar{x} = \frac{\sum x_i}{n}\ \frac{1738}{30} = 57.93,\quad \bar{y} = \frac{\sum y_i}{n}\ \frac{403}{30} = 13.43$$

となる.

手順 2　回帰係数 b の計算

$$b = \frac{S_{xy}}{S_{xx}} = \frac{2206.9}{3145.9} = 0.7015$$

となる.

手順 3　切片 a の計算

$$a = \bar{y} - b\bar{x} = 13.43 - 0.7015 \times 57.93 = -27.208$$

となる.

手順 4　回帰式の決定

$$y = a + bx = -27.21 + 0.7015x$$

あるいは,

$$y = \bar{y} + b(x - \bar{x}) = 13.43 + 0.7015(x - 57.93)$$

となる.

手順 5　散布図に回帰式を記入する

図 8.5 に回帰式を記入した散布図を示す.

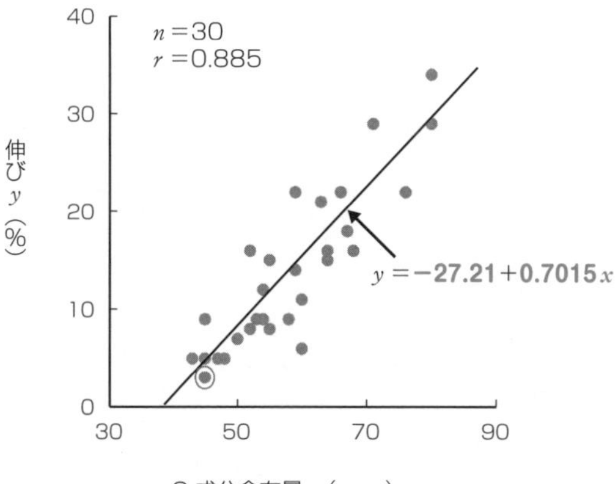

図 8.5　回帰式を記入した散布図

注） 求めた回帰式は得られたデータの範囲内で使えると考える．したがって，データの範囲外での使用（**外挿**という）には十分な注意が必要である．

4. 平方和の分解と分散分析

回帰に意味があるかどうかについては，分散分析表を用いて解析できる．

総平方和（y の平方和）は以下のように回帰による平方和と残差平方和に分解することができる．

$$\text{総平方和 } S_{yy} = \sum (y_i - \bar{y})^2 = \sum \{y_i - (a+bx_i) + (a+bx_i) - \bar{y}\}^2$$

$$= \sum \{y_i - (a+bx_i)\}^2 + \sum \{(a+bx_i) - \bar{y}\}^2$$

$$= \textbf{残差平方和 } S_E + \textbf{回帰による平方和 } S_R$$

以下の例題によって解析の手順を示す．

例題 8.3

表 8.2（p.159）のデータから分散分析を行い，さらに寄与率を求めよ．

【解答 8.3】

手順 1　平方和の計算

総平方和：$S_T = S_{yy} = 1975.4$

回帰による平方和：$S_R = \dfrac{S_{xy}^2}{S_{xx}} = \dfrac{2206.9^2}{3145.9} = 1548.2$

残差平方和：$S_E = S_T - S_R = 1975.4 - 1548.2 = 427.2$

手順 2　自由度の計算

総平方和の自由度：$\phi_T = n-1 = 30-1 = 29$

回帰による平方和の自由度：$\phi_R = 1$

残差平方和の自由度：$\phi_E = \phi_T - \phi_R = (n-1)-1 = n-2 = 30-2 = 28$

手順 3　分散分析表の作成

手順 1，2 で求めた各平方和と自由度を記入し，分散（平均平方）V および分散比 F_0 を求める（表 8.3）．

$$V_R = S_R/\phi_R = 1548.2/1 = 1548.2$$

表 8.3　分散分析表

要因	平方和 S	自由度 f	分散 V	分散比 F_0	$F(\alpha)$
回帰 R	S_R	ϕ_R	$V_R = S_R/\phi_R$	$F_0 = V_R/V_E$	$F(\phi_R,\ \phi_E;\ \alpha)$
誤差 E	S_E	ϕ_E	$V_E = S_E/\phi_E$		
計	S_T	ϕ_T			

$$V_E = S_E/\phi_E = \mathbf{427.2/28 = 15.26}$$

$$F_0 = V_R/V_E = \mathbf{1548.2/15.26 = 101.45}$$

完成した分散分析表を表 8.4 に示す.

表 8.4　分散分析表

要因	平方和 S	自由度 f	分散 V	分散比 F_0	$F(0.05)$
回帰 R	**1548.2**	**1**	**1548.2**	**101.45**	**4.20**
誤差 E	**427.2**	**28**	**15.26**		
計	**1975.4**	**29**			

手順 4　判定

分散分析表で求めた分散比 F_0 を，F 表(付表 5)より求めた棄却限界値と比較し判定する.

$$R : F_0 \geqq F(\phi_R,\ \phi_E;\ \alpha)$$

が成り立てば，有意水準 α で「有意である」と判断し，回帰に意味があると判断する.

$$F_0 = \mathbf{101.45} > F(\phi_R,\ \phi_E;\ \alpha) = F(\mathbf{1},\ \mathbf{28};\ \mathbf{0.05}) = \mathbf{4.20}$$

となり，有意水準 5%で回帰は**有意であるといえる.**

注 1）　分散分析の結果は，前述の母相関係数の検定の結果と一致する.

注 2）　分散分析による検定は，$H_0 : b = 0$，$H_1 : b \neq 0$ の検定とまったく同じことをしている.「直線回帰によって説明できる」→「直線の傾きが 0 ではない」と考えれば理解できるだろう.

手順 5　寄与率の計算

目的変数 y の総平方和 $S_T(S_{yy})$のうち**回帰による平方和** S_R の割合を**寄与率** R^2 と

呼ぶ.

$$\textbf{寄与率}：R^2 = \frac{S_R}{S_T} = \frac{1548.2}{1975.4} = 0.7837 \rightarrow 0.784$$

となる．これは，y の全体のばらつきのうち直線回帰によって説明できるばらつきが約 **78%**であることを示している．

注）寄与率は，**0** から **1** の間の値をとる．また，下記のように x と y の相関係数 r の **2 乗**に一致する．

$$R^2 = \frac{S_R}{S_T} = \frac{{S_{xy}}^2/S_{xx}}{S_{yy}} = \left(\frac{S_{xy}}{\sqrt{S_{xx}S_{yy}}}\right)^2 = r^2$$

本問の場合も，以下となる．

$$r^2 = 0.8853^2 = 0.7838 \rightarrow 0.784$$

5. 残差の検討

寄与率が低い場合は，データの点から回帰直線までの差である**残差**が大きいことになる．回帰分析においては，回帰直線を記入した散布図を十分吟味するとともに，以下のような残差の検討が重要である．

① 残差の**ヒストグラム**を描く

② 残差の**時系列プロット**を描く

③ 残差と説明変数の**散布図**を描く

残差の**ヒストグラム**で**外れ値**などがあれば，そのデータについて調べる．**時系列プロット**に異常が見られたら，**測定順の影響**が考えられる．残差と説明変数の**散布図**で**曲線的**な関係が見られた場合には，説明変数の **2 次の項**を考慮する必要がある．

これができれば合格！

- 相関分析の意味の理解
- 相関係数の計算と無相関の検定について手順の理解
- 回帰分析の意味の理解
- 最小二乗法の意味の理解
- 回帰式の推定の手順の理解
- 単回帰分析における分散分析の手順の理解
- 回帰診断（残差の検討）の意味の理解

第9章

信頼性工学

信頼性工学とはアイテムやシステムの信頼性に関する技術である．耐久性・保全性のほかに設計信頼性が含まれる．

本章では，“ 信頼性工学 ”について学び，下記のことができるようにしておいてほしい．

- 未然防止と再発防止の意味の説明
- 耐久性・保全性・設計信頼性の意味の説明
- 信頼性ブロック図における信頼度の計算
- 信頼性データのまとめ方の理解と計算

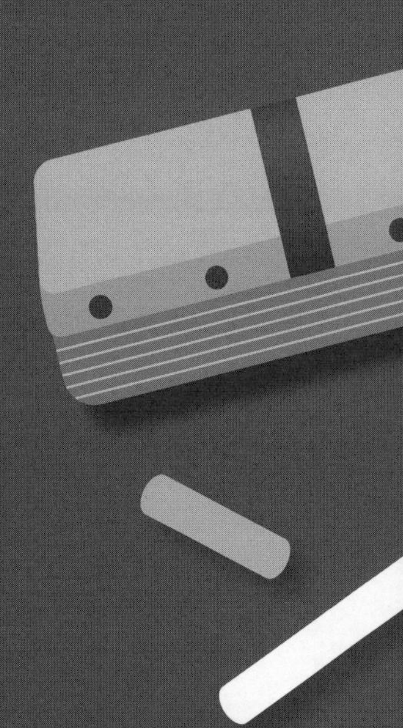

09-01 信頼性工学

重要度 ●●○
難易度 ■■□

1．信頼性工学とは

信頼性工学とは，アイテムやシステムの**信頼性**に関する技術（工学）である．ここでいう**信頼性**とは，一般的に「アイテムが与えられた条件で規定の期間中，要求された機能を果たすことができる性質」と定義されている．

近年では，修理時間や稼働時間も考慮に入れた**ディペンダビリティ**という用語が，**信頼性**の意味で広く用いられている．

信頼性データの解析手法としては，実際の寿命データをワイブル確率紙にプロットして分析する**ワイブル分析**などがある．また，高い信頼性を実現するための評価手法として，設計の不具合および潜在的な欠点を見出すために実施する**FMEA**（**故障モードと影響解析：Failure Modes and Effects Analysis**）と，発生が好ましくない事象について，発生経路，発生原因および発生確率を故障（フォールト）の木を用いて解析する**FTA**（**故障の木解析：Fault Tree Analysis**）などがある．

2．未然防止と再発防止

トラブルが発生したとき，適切な応急処置を取ることは当然であるが，今後の品質保証を考えたとき，**未然防止**や**再発防止**が重要である．**未然防止**とは「実施に伴って発生すると考えられる（潜在的な）問題をあらかじめ計画段階で洗い出し，実際に発生しないようにそれに対する修正や対応を講じておくこと」であり，実際のトラブルの発生自体を未然に防ごうという考え方である．

これに対して，**再発防止**とは「すでに発生した（顕在化した）問題の原因，またはその原因の影響を除去して，再発しないようにする処置」であり，是正処置も含んだ考え方である．

3．信頼性の要素

信頼性の要素には，こわれにくさを示す**耐久性**，なおしやすさを示す**保全性**，さらに故障や性能の劣化が発生しないように考慮して設計する**設計信頼性**などがある．

(1)　耐久性

丈夫で長持ちするという性質が**耐久性**であるが，機能が一定水準以下になる状態である故障を明確に定義することにより耐久性の定量的評価が可能となる．

(2)　保全性

保全については図 9.1 のように分類することができ，故障や事故を未然に防止しやすいことと，故障が起きても修復しやすく日常の整備が容易であるということに分けて，**保全性**を考えることができる．

図 9.1　保全の分類

(3)　設計信頼性

設計信頼性を確保し評価する手法として，**FMEA**，**FTA**，**DR** がある．

① FMEA とは

> **FMEA** とは「あるアイテムにおいて，各下位アイテムに存在し得る故障モード(フォールトモード)の調査，並びにその他の下位アイテムおよび元のアイテム，さらに，上位のアイテムの要求機能に対する故障モードの影響の決定を含む定性的な信頼性解析手法」である．

つまり，FMEA は種々のアイテムの故障に対して，これらの相互関係に着目し，最終的にはシステム全体としての故障を未然に防止することが目的である．具体的には，1)予測される故障モード，2)影響の重大性，3)発生頻度，4)検知の難易度，5)最初に検知できる時点，6)検知方法，などの評価項目によって故障モードの上位アイテムへの影響を解析する．

複雑なシステムの設計では，過去の経験のみでは故障を事前に予測することは困難であり，これに対処するものとしてFMEAが生まれた．

② FTAとは

> **FTA**とは，「下位アイテムまたは外部事象，もしくはこれらの組合せの故障(フォールト)モードのいずれかが，定められた故障(フォールト)モードを発生させえるかを決めるための，故障(フォールト)の木形式で表された解析」である．

主な目的としては，発生が好ましくない現象に対して，その発生経路や発生確率を評価することが挙げられる．

FTAの実施には，故障の事前解析としてのFTAと故障の事後解析としてのFTAがあると考えられる．

③ DRとは

> **DR**とは，「信頼性性能，保全性性能，保全支援能力要求，合目的性，可能な改良点がある要求事項および設計中の不具合を検出・修正する目的で行われる．現存または提案された設計に対する公式，かつ独立の審査」とされる．

いわゆる**設計審査**と呼ばれ，設計にインプットすべきユーザーニーズや設計仕様などの要求事項が設計のアウトプットに漏れなく織り込まれ，品質目標を達成できるかどうかについて審議することをいう．

設計審査には，設計部門だけでなく営業，製造部門など，関連する他部門の担当者または専門家も参加する．

近年の製品の複雑化・高度化に対処すべく，いわゆる源流管理を行うためには，設計作業そのものにさかのぼり，設計の仕組み，設計方法，技術標準の適用の方法，設計の確からしさなどを確認することが重要である．

09-02 信頼性モデル

重要度 ●●○
難易度 ■■□

1. 信頼性ブロック図

システムの信頼性を評価する際に，個々の要素における信頼度と全体の信頼度の関係を調べておくことが重要である．このような要素間の機能的な関係を表した図を，信頼性ブロック図という．最も基本的な3つの要素に関する**直列系**と**並列系**のシステムを図9.2に示す．

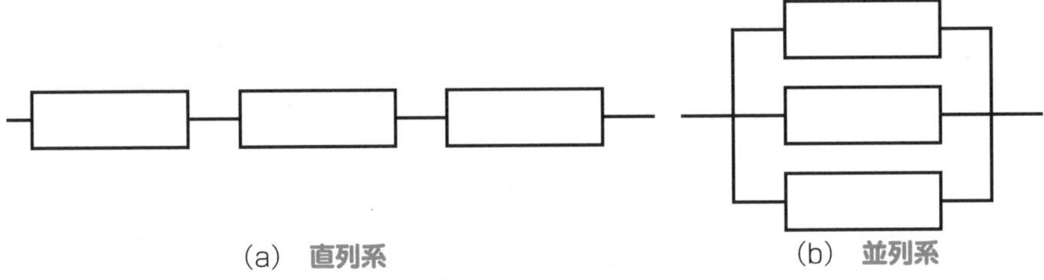

(a) **直列系**　　(b) **並列系**

図 9.2　信頼性ブロック図

直列系は，どの1つの要素が故障してもシステムの故障に結びつくのに対し，並列系では，すべての要素が故障したときのみシステムの故障となる．直列系ではないシステムの総称を**冗長系**といい，**並列系**はその基本である．

(1) 直列系の信頼度

直列系では，すべての構成要素が機能を果たす必要があるので，システムの信頼度は，各構成要素の信頼度 R_i の積として，

R ＝規定時点における直列系の信頼度

$= R_1 \times R_2 \times \cdots \times R_n$

となる．

(2) 並列系の信頼度

並列系では，少なくとも1つの構成要素が機能を果たしていればシステムの機能を果たすことが可能である．言い換えれば，すべての要素が故障している場合に限りシステムの故障となる．したがって，システムの不信頼度は，各構成要素の不信頼度 F_i の積として，

F ＝規定時点における並列系の不信頼度

$$= F_1 \times F_2 \times \cdots \times F_n$$

となる．また信頼度は，

$$R = \text{規定時点における並列系の信頼度}$$
$$= 1 - F$$
$$= 1 - F_1 \times F_2 \times \cdots \times F_n$$
$$= 1 - (1 - R_1) \times (1 - R_2) \times \cdots \times (1 - R_n)$$

となる．

例題 9.1

図 9.3 のそれぞれの場合のシステムの信頼度を求めよ．各要素の信頼度は 0.95 とする．

(a) 直列系を並列に結合

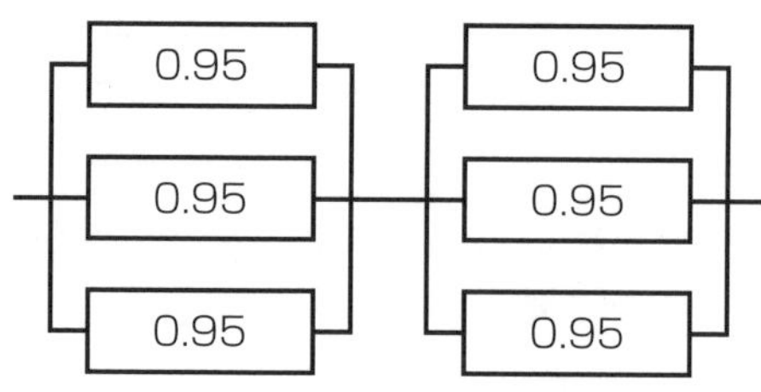

(b) 並列系を直列に結合

図 9.3 信頼性ブロック図

【解答 9.1】

(a) 直列系を並列に結合したシステムの信頼度

$$R = 1 - (1 - 0.95^3)^2 = 0.9797$$

(b) 並列系を直列に結合したシステムの信頼度

$$R = \{1 - (1 - 0.95)^3\}^2 = 0.9998$$

2. バスタブ曲線（故障率曲線）

故障率を時間 t の関数と考えたとき，これを故障率関数といい，グラフに表したものを**バスタブ曲線**(**故障率曲線**)という.

故障率曲線は，時間 t の経過とともに変化するパターンによって以下の 3 つに分類して考えることができる.

① **初期故障型**(DFR 型：Decreasing Failure Rate 型)

故障率が減少する時期をいい，開発の初期段階での故障に対して個別の対策が効果的である期間.

② **偶発故障型**(CFR 型：Constant Failure Rate 型)

故障率が安定する時期をいい，対策が一段落している期間.

③ **摩耗故障型**(IFR 型：Increasing Failure Rate 型)

疲労・劣化などの原因によって故障率が増加する期間.

故障率曲線は「浴槽の形」に似ていることから“**バスタブ曲線**”と呼ばれる(図 9.4).

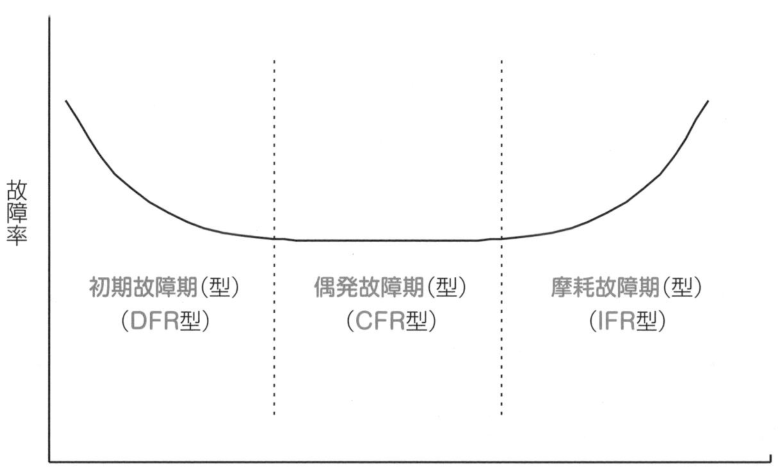

図 9.4 バスタブ曲線(故障率曲線)

09-02 信頼性モデル

09-03 信頼性データ

重要度 ●●○
難易度 ■■□

1．MTTF，B_{10} ライフ

故障までの時間 T の長短により耐久性の有無を判別する尺度として，以下のものがある．

(1) MTTF(Mean Time To Failure：平均故障時間)

故障までの時間の平均を**平均故障時間**：**MTTF** という．

$$\mathrm{MTTF} = E(T) = \int_0^{\infty} tf(t)\,dt$$

T：故障までの時間(寿命)の確率変数，$f(t)$：故障までの時間の密度変数

例題 9.2

5 個のアイテムの故障時間が，以下で与えられているとき，MTTF の推定値を求めよ．

データ：12，15，30，31，32 （時間）

【解答 9.2】

$$\mathrm{MTTF} = \frac{12+15+30+31+32}{5} = \frac{120}{5} = 24 \quad (\text{時間})$$

と推定される．

(2) B_{10} ライフ

信頼性評価を顧客への保証として重視する立場で考えると，平均ではなく個々の製品の寿命を保証する限界値保証が重要になる．

B_{10} ライフは，ばらつきも考慮した限界値保証の立場で考えられている尺度で，全体の **10%**が故障するまでの時間を示す．

$$\int_0^{B_{10}\text{ライフ}} f(t)\,dt = 0.10$$

となり，信頼度との関係でいうと，信頼度が 90%になる時間が **B_{10} ライフ**である．

2. MTBF，MTTR，アベイラビリティ

一定時間内の故障数の多少に関する尺度として以下のものがある．

(1)　MTBF(Mean Time Between Failures：平均故障間隔)

故障率が時間によって変化しない定数であるときには，**故障率の逆数**を**平均故障間隔：MTBF**という．

$$\mathrm{MTBF}=\frac{1}{故障率}=\frac{1}{\lambda}$$

このMTBFは，

$$\mathrm{MTBF}=\frac{一定時間}{一定時間内の故障回数}$$

と解釈でき，修理後，次の故障が発生するまでの時間(**故障間隔**)の平均を表す．

例題 9.3

ある1つのシステムにおいて，以下の時刻に故障が起こった．ただし，修理にかかる時間は除いてある．このとき，MTBFの推定値を求めよ．

データ：100，125，250，360　(時間)

【解答 9.3】

総稼動時間は**360**時間であり，その間に**4**回の故障が起こったと考えて，

$$\mathrm{MTBF}=\frac{\mathbf{360}}{\mathbf{4}}=\mathbf{90.0}\ (時間)$$

と推定される．

(2)　MTTR(Mean Time To Repair：平均修復時間)

修復時間の平均を**平均修復時間：MTTR**といい，耐久性における**MTTF**に対応する尺度である．

$$\mathrm{MTTR}=E(X)=\int_0^{\infty} tg(t)\,dt$$

X：修復時間の確率変数，$g(t)$：修復時間の密度関数

(3) アベイラビリティ

故障した場合には修理を考える修理系では，耐久性と保全性を同時に考慮して総合的に評価する尺度として**アベイラビリティ**が用いられる．

アベイラビリティは，時間全体をアップタイム（動作時間）とダウンタイム（修理時間）に分けたときの，時間全体に占めるアップタイムの比率である．

$$\text{アベイラビリティ} = \frac{\text{アップタイム}(U)}{\text{アップタイム}(U) + \text{ダウンタイム}(D)}$$

また，アップタイムを耐久性の尺度であるMTBF，ダウンタイムを保全性の尺度であるMTTRに置き換えると，以下となる．

$$\text{アベイラビリティ} = \frac{MTBF}{MTBF + MTTR}$$

アベイラビリティは，耐久性と保全性の一方または両方の改善によって向上が可能である．したがって，どのような対策を講じるかは総合的な判断が必要である．

例題 9.4

MTBF = 250（時間），MTTR = 30（時間） のとき，アベイラビリティの推定値を求めよ．

【解答 9.4】

$$\text{アベイラビリティ} = \frac{250}{250 + 30} = \mathbf{0.893}$$

これができれば合格！

- 信頼性工学と関連用語の意味の理解
- 未然防止と再発防止の意味の理解
- 耐久性，保全性，設計信頼性の意味の理解
- 信頼性ブロック図における信頼度の計算
- バスタブ曲線の意味の理解
- 信頼性データのまとめ方の理解と計算

第10章

QC 的ものの見方・考え方

日本の経済発展の礎となった総合的品質管理(TQM)を特徴づけているものとして,"QC 的ものの見方・考え方"がある.

本章では"QC 的ものの見方・考え方"について学び,下記のことができるようにしてほしい.

- 応急対策,再発防止,未然防止,予測予防の違いと内容の理解と説明
- 見える化,潜在トラブルの顕在化の意味と内容の理解と説明

なお,"QC 的ものの見方・考え方"としては,他に品質優先,後工程はお客様,プロセス重視,重点指向がある.これらについては 3 級の試験範囲となっているが,2 級受検者においてもよく理解しておく必要がある.

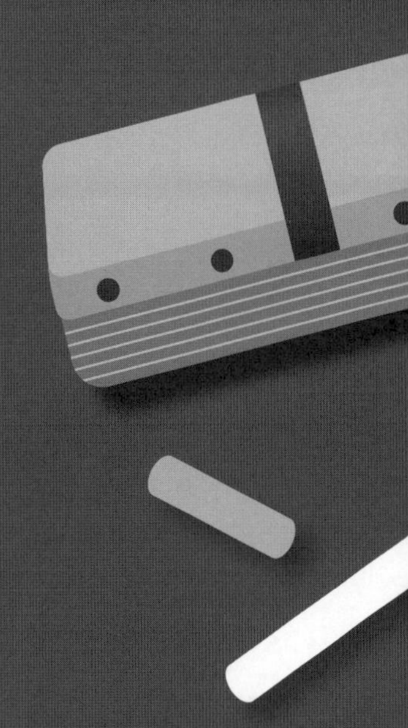

10-01 QC的ものの見方・考え方

重要度 ●●○
難易度 ■□□

1．応急対策

応急対策とは，「原因究明，あるいは原因は明らかだが何らかの制約で直接対策のとれない異常に対して，とりあえずそれに伴う損失をこれ以上大きくしないためにとられる処置」をいう．再発防止の処置に先駆けて行う**暫定処置**である．

2．再発防止

再発防止とは，「問題の原因又は原因の影響を除去して，再発しないようにする処置」である[12)]．すなわち，再発防止とは，今後二度と同じ原因で問題が起きないように対策を行うことといえる．**原因除去策**，**恒久対策**ともいう．

再発防止は以下の3段階に分けられる（図10.1）[31)]．

① **個別対策**：問題の発見された製品・サービス，プロセスに対する再発防止

② **水平展開による類似原因の除去**：同類の製品・サービス，プロセスに対する再発防止

③ **しくみの改善**：仕事の仕組み，プロセスに対する再発防止

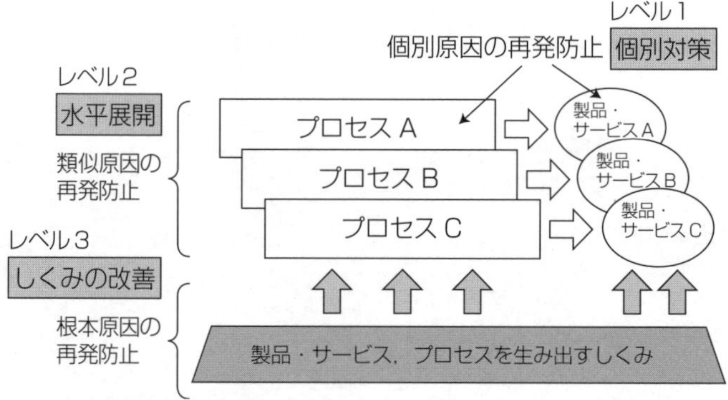

出典） 日本品質管理学会編：『新版 品質保証ガイドブック』，日科技連出版社，2009年

図10.1 3つのレベルの再発防止

3．未然防止

未然防止とは，「実施に伴って発生すると考えられる問題をあらかじめ計画段階で洗い出し，それに対する修正や対策を講じておくこと」である[23)].

設計などでは多量生産の製造とは異なり，まったく同じ作業というのはほとんどない．したがって，問題が起こってからその原因を追究し取り除くという是正処置だけでは，どうしても後手になり大きな損失を被ってしまう．そこで未然防止の考え方が必要になってくる．未然防止を効果的に行うためには，過去に発生した問題をその類似性に基づいて整理し，いろいろな状況に汎用的に適用できる共通的なものにまとめること，これを活用する方法を確立することが重要である[23)]．未然防止を行うための方法としては，**FMEA**，**FTA**，**DR**（第９章参照）などが利用されている．

4．予測予防

予測予防とは，「問題の発生を事前に予測し，それを予防する」という考え方である．**未然防止は，予測予防の手段**であると考えられる．

医療外来では，さまざまな検査や問診によって，どのような病気になってしまうかを「予測」し，栄養指導，生活習慣の指導などを通して具体的に「予防」していく．広域的な地震や津波の対策なども予測予防の考え方で実施されている．

5．是正処置と予防処置

是正処置とは，発生した不適合に対してとる処置であり，「原因」を調査して再発防止対策をとる必要がある．一方，**予防処置**は幸いにもまだ発生していない（起こり得る）不適合に対する処置であり，起こり得る問題の原因を除去する未然防止対策がとられる（表 10.1）．

表 10.1　是正処置と予防処置

	是正処置	予防処置
不適合	起こった（顕在化）	起こりうる（潜在化）
原因	発生・流出	気づいた問題点
処置	再発防止	未然防止
活動のレビュー	再発しないことの確信	予防できたことの確信

6. 見える化

見える化とは，「製造，営業，経営などでの問題の早期発見，解決，予防に役立てるために，対象業務についての情報を表現し組織内で共有すること」をいう．

一般的には問題や課題を認識するために利用され，指標化，数値化された一定の基準に基づいて現状を視覚化することを，**見える化**と称している．映像，グラフ，図表などによって誰にでも分かるよう可視化が必要で，「見える」ことにより，「気づき」→「考え」→「行動する」ことが期待されている．

見える化は，単に現状が見えるようになっていることだけではなく，見えた結果がアクションにつながらなければならない．具体的には，基準，標準が設定・共有され，その現状との差異(**問題**)が見えること，または現状に対して，将来のあるべき姿が共有され，現状と理想のギャップ(**課題**)が見えることが必要である．

7. 潜在トラブルの顕在化

品質管理が不十分な職場では，品質クレーム，トラブル，不良などのデータがとられていても，そのデータの示す範囲は氷山の一角にすぎないことが多い．そういう場合にまず実施すべきことは，報告されていない，表面化していない**クレーム**，**トラブル**，**不良を顕在化**させる，すなわち**「見える化」**することが必要である．**潜在トラブルの顕在化**とは，**再発防止や未然防止を効果的に進めるため**に，報告されていない，表面化していないクレーム・不良，売り損ない，時間・コストの無駄に目を向け，顕在化させるという行動原則をいう．顕在化させることにより，再発防止や未然防止がより効果的，効率的に可能となる．

これができれば合格！

- 応急対策，再発防止，未然防止の違いの理解
- 見える化，潜在トラブルの顕在化の内容の理解

第11章

品質の概念

品質管理では，品質に関する用語および品質の考え方を正しく理解し進めることが重要である．

本章では，“ 品質の概念 ”について学び，下記のことができるようにしてほしい．

- 品質，要求品質，品質要素，ねらいの品質，できばえの品質の説明
- 品質特性，代用特性の説明
- 当たり前品質，魅力的品質の説明
- サービスの品質，仕事の品質の説明
- 顧客満足，顧客価値の説明

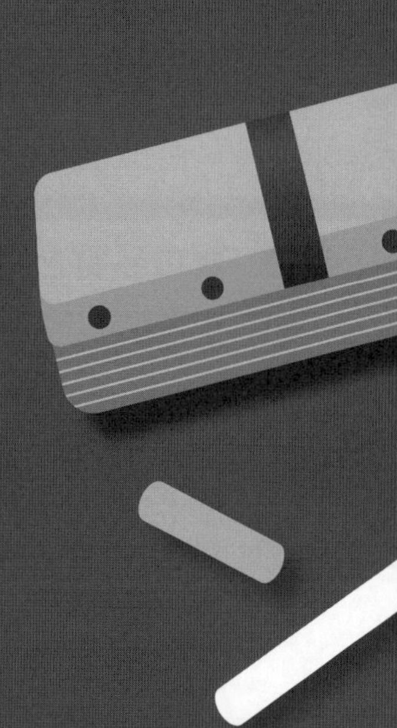

11-01 品質の概念

重要度 ●●●
難易度 ■□□

1. 品質の定義

品質／質(quality)とは，JSQC-Std 00-001：2018では，「製品・サービス，プロセス，システム，経営，組織風土など，関心の対象となるものが明示された，暗黙の，又は潜在しているニーズを満たす程度」[17)]である．注記1として，「ニーズには，顧客と社会の両方のニーズが含まれる」[17)]，注記2として，「品質／質の概念を図に表すと，次の通りとなる」(図11.1)[17)]と述べられている．

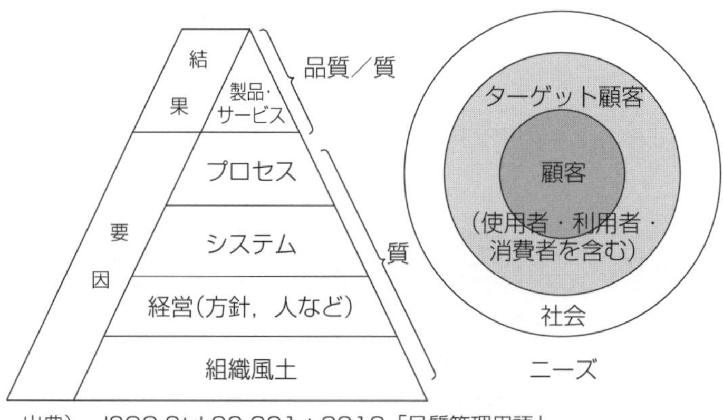

図11.1 品質／質

2. 要求品質と品質要素

"要求品質" とは，「製品に対する要求事項の中で，品質に関するもの」(JIS Q 9025：2003)[13)]である．

品質要素(品質項目)とは，「品質／質を構成している様々な性質をその内容によって分解し，項目化したもの． 注記 よく用いられる品質要素としては，機能，性能，意匠，感性品質，使用性，互換性，入手性，経済性，信頼性，安全性，環境保全性などがある」[17)]．

製品・サービスなどに対する顧客・社会のニーズ(**要求品質**)を効果的・効率的に満たすためには，その内容を体系的にとらえることが大切である．**品質要素**は，品質／質を構成している様々な性質について系統図のような形で展開することによって，的確に体系的にとらえることができる．

3. ねらいの品質とできばえの品質

“**ねらいの品質**”とは，「顧客・社会のニーズと，それを満たすことを目指して計画した製品・サービスの品質要素，品質特性及び品質水準との合致の程度」[17)]であり，**設計品質**ともいう．顧客や社会が明示したまたは暗黙のニーズや期待に対して，提供する予定の製品・サービスがどの程度合致することをねらうのかを示すものであり，製品・サービスの実現の段階(例えば，製造段階)における目標になる．設計品質は，製品品質の基本となる．

“**できばえの品質**”とは，「計画した製品・サービスの品質要素，品質特性及び品質水準と，それを満たすことを目指して実現した製品・サービスとの合致の程度」[17)]であり，**製造品質，適合の品質**または**合致の品質**ともいう．製造品質は，ねらった品質が，顧客に提供した製品・サービスにおいてどの程度合致しているかという，ねらいに対する実現度合いを示している．

4. 品質特性，代用特性

品質特性は，「品質要素を客観的に評価するための性質」[17)]である．
代用特性とは，「要求される品質特性を直接測定することが困難な場合，同等又は近似の評価として用いる他の品質特性」[17)]である．

代用特性は，直接測定したい品質特性の状況を完全に表せるわけではない．代用特性の採用には，品質特性と代用特性との関係を明確にしておくことが大切である．

5. 当たり前品質と魅力的品質

“魅力的品質” とは，「充足されれば満足を与えるが，不充足であっても仕方がないと受け取られる品質要素」[17)]である．

“当たり前品質” とは，「充足されても当たり前と受け取られるが，不充足であれば不満を引き起こす品質要素」[17)]である．

“一元的品質” とは，「それが充足されれば満足，不充足であれば不満を引き起こす品質要素」[23)]である．

一般的に，魅力的品質は，年月が経過するにつれて，それは一元的品質になり，さらに，当たり前品質へと推移していく(図 11.2)．

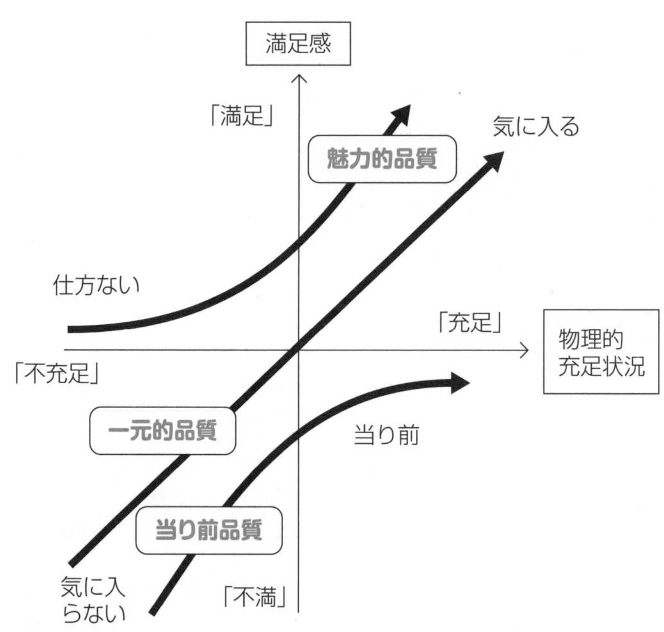

出典） 狩野紀昭，瀬楽信彦，高橋文夫，辻新一：「魅力的品質と当り前品質」，『品質』，Vol.14，No.2，1984 年を一部修正.

図 11.2　物理的充足状況と使用者の満足感との対応関係概念図(二元的な認識方法)

他には，「充足でも不充足でも，満足も与えず不満も引き起こさない品質要素」の**無関心品質**[23)]，「充足されているのに不満を引き起こしたり，不充足であるのに満足を与えたりする品質要素」の**逆品質**[23)]がある．

6．サービスの品質，仕事の品質

品質管理とは「買手の要求に合った品質の品物またはサービスを経済的に作り出すための手段の体系」と定義される．事務部門，販売部門の品質管理，レジャー業(ホテル，レストランなど)，輸送業(鉄道，タクシーなど)，通信・情報業(電話，コンピューターなど)，エネルギー供給業(電力，ガスなど)，厚生福祉業(病院，理容など)の品質管理では**サービスの質**を品質と考える．

事務部門などでのサービスの品質は「**仕事の質(品質)**」であり，販売部門では商品を扱うので「**品物の質**」と「**仕事の質**」の両方を対象にしている．

7．顧客満足(CS)，顧客価値

“**顧客満足**”(Customer Satisfaction：CS)とは，「顧客の期待が満たされている程度に関する顧客の受け止め方」(JIS Q 9000：2015)[5)]であり，以下の３点について注意して顧客満足が向上しているかを監視しなければならない．

- 製品またはサービスが引き渡されるまで，顧客の期待を満たすという高い顧客満足を達成することが必要なことがある．
- 苦情がないことが必ずしも顧客満足が高いことを意味するわけではない．
- 顧客要求事項が満たされている場合でも，顧客満足が高いとは保証できない．

“**顧客価値**”(Customer Value)とは，「製品・サービスを通して，顧客が認識する価値．注記　顧客が認識する価値には，現在は認識されていなくても，将来認識される可能性がある価値も含まれる」(JIS Q 9000：2015)[5)]である．

組織は，持続的成功の実現のために，製品・サービスを通して顧客に価値を提供することにあると認識し，顧客に提供する価値を高め，顧客価値を創造するという**顧客価値創造**(customer value creation)の考え方が重要である．

これができれば合格！

- 品質，要求品質，品質要素，ねらいの品質(設計品質)，できばえの品質(製造品質)の理解
- 品質特性，代用特性の理解

- 当たり前品質，魅力的品質，一元的品質の違いの理解
- サービスの品質，仕事の品質の理解
- 顧客満足(CS)，顧客価値の理解

第12章

管理の方法

職場では管理が重要である．管理には，維持の活動と改善の活動がある．

本章では，“ 管理の方法 ”について学び，下記のことができるようにしておいてほしい．

- 品質管理での管理，維持，改善の意味の説明
- 継続的改善の意味の説明
- 問題と課題の意味の説明
- 課題達成型 QC ストーリーについて，その手順と用いる手法の説明

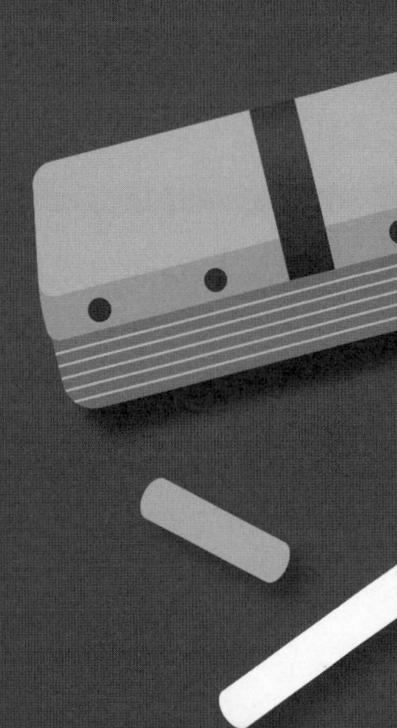

12-01 管理の方法

重要度 ●●●
難易度 ■□□

1．維持と管理

“管理”という言葉は，いろいろな場面で登場する．品質管理，原価管理，人事管理など，「コントロール」の訳語としても用いられる．

> “**管理**”とは，「ある目的(仕事)を継続的に，かつ効果的，効率的に達成するためのすべての活動のこと」である．

JIS Z 8141：2001 では，“管理”とは，「経営目的に沿って，人，物，金，情報など様々な資源を最適に計画し，運用し，統制する手続き及びその活動」[4)]である．

日本品質管理学会では，「経営目的に沿って，人，物，金，情報など様々な資源を最適に計画し，運用し，継続的にかつ効率よく目的を達成するためのすべての活動であり，維持向上，改善及び革新を含む」[17)]としている．

TQM(総合的品質管理)では，このように広い意味で使用され，マネジメントと呼ぶこともある．

管理を狭い意味で使う場合は，維持のことをいう．

> 管理という言葉には，「**維持**」と「**改善**」の両方の意味が含まれる．

“**維持**”(狭義の管理)とは，「仕事のできばえを望ましい状態に安定させ維持していく活動」で，現状維持の活動を主体とするものである．

“**現状維持の活動**”とは，「今までうまくできていたものに異常が発生したり，レベルが下がったものに対しその原因を追究し，それを除去して，もとのレベルに戻す活動」である．

“**改善**”とは，「製品・サービス，プロセス，システムなどについて，目標を現状より高い水準に設定して，問題又は課題を特定し，問題解決又は課題達成を繰り返し行う活動」である[17)]．

日本で発達したTQM活動の特徴的な言葉で，品質の改善，工程の改善，仕事の改善などを目指す組織的な活動のことである．海外では，カイゼン(KAIZEN)とそのまま日本語名で呼び，ローマ字書きされたりしている．

“**改善活動**”とは，「製品・サービス，プロセス，システムなどについて，目標を現状より高い水準に設定して，問題又は課題を特定し，問題解決又は課題達成を繰り返し行う活動」である．

管理の基本は，**PDCA** のサイクルを確実に回すことである．

> “**PDCA**”とは，「品質改善や業務改善活動などで広く活用されているマネジメント手法のひとつであり，**計画(P)**，**実施(D)**，**確認(C)**，**処置(A)**のプロセスを順に繰り返し，実施していくこと」である．

“**管理の手順**”は，次のようになる．

① 仕事の**目的**を決める．
② 目的を**達成する方法**を決める．
③ **教育・訓練**を行う．
④ 仕事を**実施**する．
⑤ 仕事が標準どおり行われているか**チェック**する．
⑥ 異常に対して**処置**をとる．
⑦ 効果を**確認**する．

2. SDCA サイクル

維持に当たっては，望ましい状態を維持するための仕事の標準が定まっていると考えて，**SDCA** のサイクルを回していくことが重要である．

> “**SDCA**”とは，
> **標準**：**S(Standard)**…日常の仕事を定められた標準に従って，
> **実施**：**D(Do)**…標準どおりに実施する．
> **確認**：**C(Check)**…その結果を確認して，結果がよければ現状の仕事のやり方を継続していく．結果が望ましくない場合は，標準どおりに仕事をしたのか，または他に何か問題がないのかなど確認する．
> **処置**：**A(Act)**…適切な処置を取る．また，処置の後の段階で，標準の改訂や追加など新たな**標準化(Standardization)**を行うことが重要であり，この場合には“**PDCAS**”ということがある．

3. 継続的改善

"継続的改善" とは，「問題又は課題を特定し，問題解決又は課題達成を繰り返し行う改善」(JIS Q 9024：2003)[12]である．また，JIS Q 9000：2015 では，**"継続的改善"** とは，「パフォーマンスを向上するために繰り返し行われる活動」[5]と定義されている．

私たちが直面する問題や課題に対して，一度限りではなく，PDCA や SDCA のサイクルを回す(図 12.1)ことによって，繰り返し「**問題解決**」や「**課題達成**」を行うことが重要である．

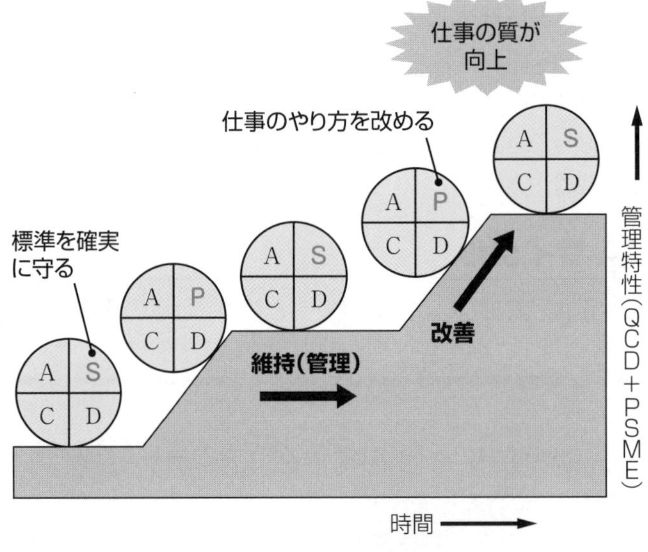

図 12.1　維持(狭義の管理)と改善の繰返し [34]

第12章 管理の方法

4. 問題と課題

私たちは，さまざまな場面で，「**問題**」や「**課題**」を設定する．

"問題" とは，「設定してある目標と現実との，対策して克服する必要のあるギャップ」[17]のことである．

“**課題**”とは,「設定しようとする目標と現実との，対策を必要とするギャップ」[17]のことである.

日常用語では，問題と課題はほぼ同義で用いるのに対し，品質管理では問題と課題を区分して用いる場合がある．問題と課題を区別する場合には，問題は，設定してある目標と現実とのギャップをいう．他方，課題は，新たに設定しようとする目標と現実とのギャップをいう.

目標と現実とのギャップが大きい，または達成に要する期間が長い場合(新しいプロセス・仕組みを作る場合など)を課題と呼び，ギャップが小さい場合(既存のプロセス・仕組みを改善する場合など)を問題と呼ぶ場合がある.

一般に,「問題を解決する」といい,「課題を達成する」という．そのための活動をそれぞれ,“**問題解決型 QC ストーリー**”または“**問題解決型の手順**”,“**課題達成型 QC ストーリー**”または“**課題達成型の手順**”と呼び，活動の進め方が少し異なる.

“**問題解決型 QC ストーリー**”とは,「データに基づく実証的問題解決法のことで，この型では，仮説を設定し，データを取り，データ解析により，真の要因を究明することに重点がおかれる」.

“問題解決型 QC ストーリー”は，実際に問題を解決していくときの進め方として，適用範囲が広く，確実性が高いなど，有効であることが確認されているため，産業界に広く普及している.

“**課題達成型 QC ストーリー**”とは,「これまでに経験のない仕事や仕事の悪さの原因追究を行っても効果が期待できない課題に対して，新しい方策や手段を追究して，新しいやり方を創り出してねらいを達成するという活動を効果的に進めるための手順」である.

課題達成型 QC ストーリーは，問題解決の手順の一つである.

表 12.1 に問題解決と課題達成のテーマの例を示す.

課題達成型と問題解決型の手順の中で異なるのは，表 12.2 の「手順 2」,「手順 4」,「手順 5」であり，その他の手順においてはやり方の基本的な違いはない.

表 12.1　問題解決と課題達成のテーマの例

問題解決のテーマの例	課題達成のテーマの例
• A 製品における工程不適合品率の低減 • B 製品の収率向上 • C 工程における時間当たり生産性の向上 • フランジボルトにおける剛性性能の向上 • 営業部の新規受注金額の向上 • 契約事務の作業時間の削減 • 外注契約の見積精度の向上	• 新規事業売上高の向上 • 環境調和型超高強度素材の開発 • ダイス型寿命の向上 • 在宅型教育支援システムの開発 • 新規分野進出による連結売上高の倍増 • 低炭素排出型金属精錬法の開発 • 家庭用自然エネルギー利用小型発電機の開発 • 超強度ボルトの軽量化

5. 課題達成型ＱＣストーリー

課題達成型 QC ストーリーの標準的な手順と実施事項，有効な QC 手法を表 12.2 にまとめる．

課題達成型では，ありたい姿を明確にして，攻め所に焦点を当て，方策案(アイデア)をしっかり出し，さらに実施上の問題や障害を取り除く手段を検討して進めるということが重要である．新 QC 七つ道具を主とした手法が有効である．

表 12.2　課題達成型 QC ストーリーの標準的な手順

手順	基本ステップ	実施事項	有効な QC 手法
1	テーマの選定	• 問題・課題の洗い出し • 問題・課題の絞り込み • 改善手順の選択 • テーマ選定理由の明確化	マトリックス図法，ブレーンストーミング，パレート図，親和図法
2	**攻め所の明確化と目標の設定**	• **攻め所**の明確化 • 目標の設定 • 全体活動計画の作成	**層別，パレート図，マトリックス図法，チェックシート，ガントチャート，アローダイアグラム法**
3	方策の立案	• 方策案の列挙 • 方策案の絞り込み	ブレーンストーミング，系統図法，連関図法
4	**成功シナリオの追究**	• **シナリオの検討** • **期待効果の予測** • **障害・副作用の予測と排除** • **成功シナリオの選定**	**PDPC 法，系統図法，マトリックス図法**
5	**成功シナリオの実施**	• **実行計画の作成** • **成功シナリオの実施**	**ガントチャート，アローダイアグラム法**
6	効果の確認	• 有形効果の把握 • 無形効果の把握	グラフ，管理図，パレート図，チェックシート，ヒストグラム
7	標準化と管理の定着	• 標準化 • 周知徹底 • 管理の定着	チェックシート，管理図，グラフ，ヒストグラム
8	反省と今後の対応	今までの活動の反省 • 解決された程度，未解決の部分を把握する • 活動プロセスの反省 今後の対応 • 今後の課題の明確化	

これができれば合格！

- 管理，維持，改善の意味の理解
- 問題と課題の意味の理解
- 課題達成型 QC ストーリーの手順とステップごとに有効な QC 手法の理解

第13章

品質保証

品質保証（新製品開発とプロセス保証）は品質管理の柱であり，企業において欠くことのできない活動である．本章では“品質保証”について学び，下記のことを理解してほしい．

- 品質保証体系図，品質機能展開，DR とトラブル予測，FMEA，FTA，品質保証のプロセス，保証の網（QA ネットワーク），製品ライフサイクル全体での品質保証，製品安全，製造物責任，初期流動管理，市場トラブル対応，苦情とその処理，作業標準書，QC 工程図，工程異常，工程能力調査，工程解析，変更管理，変化点管理，検査の種類と方法，計測の基本と管理，測定誤差の評価，官能検査，感性品質

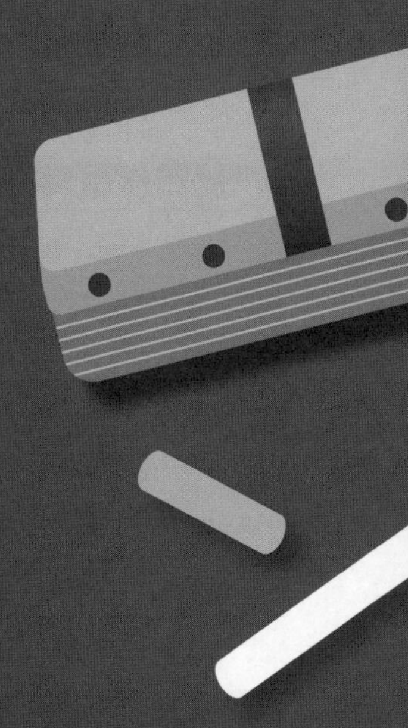

13-01 新製品開発

重要度 ●●○
難易度 ■■□

1. 品質保証とは

品質保証とは「顧客・社会のニーズを満たすことを確実にし，確認し，実証するために，組織が行う体系的な活動」[17)]とされている．もう少し平たく言えば，「消費者が安心して買うことができ，満足して使うことができる品質であることを組織が保証する」ことである．

品質保証とは，「**生産者が消費者の要求する品質が完全に満たされていることを保証するために行う品質管理の仕組みと活動**」といえる．

2. 結果の保証とプロセスによる保証

“**品質は工程で作り込め**”ということを実践するためには，仕事の“**結果の保証**”としての検査だけでは十分でなく，**プロセス(工程)**，つまり**仕事のやり方**に着目して，プロセスを管理し，充実させていく必要がある．これが“**プロセスによる保証**”である．

3. 保証と補償

品質保証の“**保証**”と音(おん，読み)が同じ“**補償**”という言葉があるが，その意味は異なる．“**補償**”とは，「欠陥による被害を償(つぐな)うこと」であり，問題発生後の金銭的な事後処理である．

4. 品質保証体系図

品質保証体系図とは，製品の設計・開発から製造，検査，出荷，販売，アフターサービス，クレーム処理などに至るまでの各ステップにおける品質保証活動を各部門に割りふったもので，通常フローチャートで示される．

> **品質保証体系図**は，縦軸には品質保証の各ステップ(企画・開発・生産・販売・サービス)をとり，横軸には各部門をとって，各部門がやるべきこと，責任の所在や連係を明確にして組織的な活動を行うために作成する．

品質保証体制を構築するうえで必須の図である．図 13.1 に例を示す．

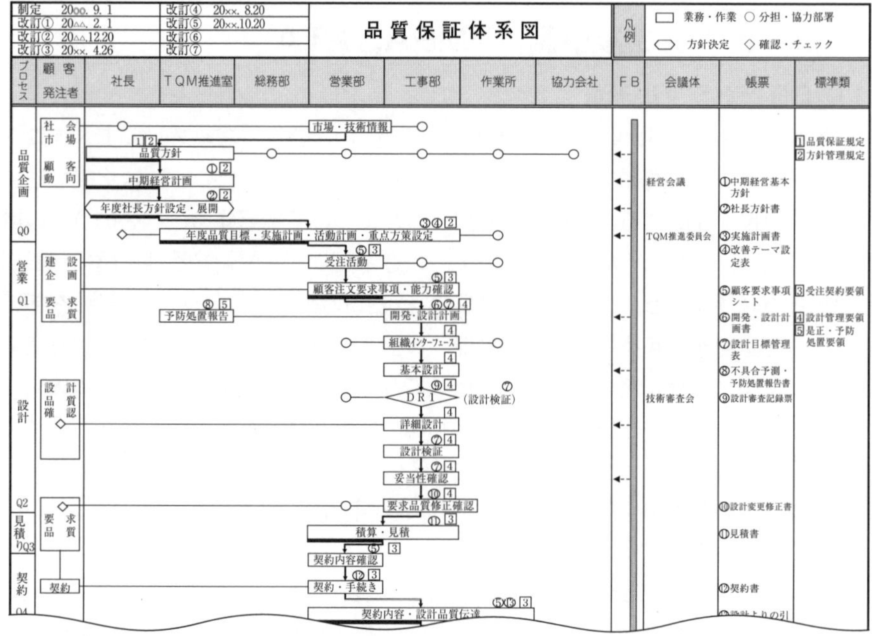

出典） 細谷克也編著，西野武彦，新倉健一著：『TQM 実践ノウハウ集　第 3 編』，日科技連出版社，2017 年(一部抜粋)

図 13.1　品質保証体系図の一例

品質保証体系図には，品質保証のために必要な様々な手順と活動要素が示されている．これらの手順をステップに分類して，それぞれのステップ(市場調査，製品企画，製品設計，生産準備，生産・検査，販売・サービス)で実施する品質保証活動を明確にすることを“**ステップ別品質保証**”という．

5. 品質機能展開

品質機能展開(**QFD**)とは，「製品に対する品質目標を実現するために，さまざまな変換及び展開を用いる方法論」[13)]である．**品質展開**，**技術展開**，**コスト展開**，**信頼性展開**，**業務機能展開**などの総称である．“**展開**”とは「要素を，順次変換の繰り返しによって，必要とする特性を定める操作」をいう

製品に対する顧客の**要求品質**を把握し，これを実現するために**設計品質**を定め，二元表を用いて情報整理を行った表を「**品質表**」という．

6. DR とトラブル予測，FMEA，FTA

(1) DR とトラブル予測

DR(Design Review)は，**設計審査**と訳され，設計にインプットすべきユーザーニーズや設計仕様などの要求事項が設計のアウトプットにもれなく織り込まれ，品質目標を達成することができるかどうかについて審議することをいう．設計審査の場には，設計部門だけでなく営業，製造部門など，関連する他部門の代表者も参加する必要がある．この審査では開発・設計段階での不具合(トラブル)を審査することを主目的とするが，製品の性能，機能，信頼性，コスト，納期などを含めて，製品企画・設計開発から販売サービスに至るまでの品質保証活動を審査の対象とし，過去のトラブル知見を含むあらゆる専門知識を結集して市場品質を確保するための活動を体系的に行う必要がある．DR による**トラブル予測**とその処置によって，**トラブルの未然防止**が効果的・効率的に実現できる．

(2) FMEA

FMEA(Failure Modes and Effects Analysis：故障モードの影響解析)は，製品を構成する部品やその部位に故障(環境と入力条件による物理的・化学的変化が発生して，機能障害)が起き，部品やシステムに影響を与えて事故が発生する確率や，その影響の大きさなどを，**RPN(Risk Priority Number：危険優先指数)**＝**S(Severity：厳しさ，重大度)**×**O(Occurrence：発生頻度)**×**D(Detection：検知難易度)**を分析して，RPN の高いものから優先的に対策を行って，リスクを未然に防止する手法である．

一般的に FMEA は**設計の FMEA** と**工程の FMEA**(設備の FMEA，作業の FMEA を含む)に分類される．

(3) FTA

FTA(Fault Tree Analysis：故障の木解析)は，設計時に予想される故障および市場などで発生している重要問題を**トップ事象**とし，論理記号を用いて図式的に原因系を求め，定性的および定量的に解析する手法である．重要問題の原因を全てあげ，その因果関係を論理記号(**AND ゲート**，**OR ゲート**)で結び，故障の発生経路を明らかにし，対策を考える技法である．

図 13.2 に一例を示す．

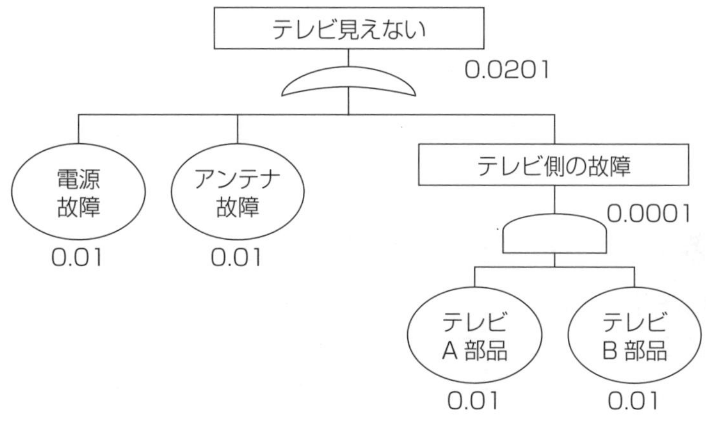

図 13.2 FTA の一例

トップ事象は「テレビが見えない」である．「電源故障」と「アンテナ故障」,「テレビ側の故障」はどれが起こっても，テレビが見えなくなるので，「OR ゲート」で結ばれており，その発生確率は**足し算**になる．一方「テレビ側の故障」は「テレビ A 部品」と「テレビ B 部品」の両方が起こって故障となるので,「AND ゲート」で結ばれており，その発生確率は**掛け算**となる．

7. 品質保証のプロセスと保証の網(QA ネットワーク)

保証の網(**QA ネットワーク**)とは縦軸に発見すべき不適合(不具合)，横軸にプロセス(工程)をとってマトリックスを作り，表中の対応するセルに，**発生防止**と**流出防止**の観点からどのような対策がとられているか，それらの有効性(水準)を記入するとともに，それぞれの不適合についての重要度，目標とする保証度，マトリックスより求めた現在の保証度を示した表である．**プロセスの保証度の評価**はこの**発生防止ランク**と**流出防止ランク**の両方のレベルから評価される．

8. 製品ライフサイクル全体での品質保証

販売時だけではなく，長期間の使用時にも，そして昨今の社会の環境保全意識の高まりから製品の廃棄まで品質保証するということが要求されるようになってきている．それが「製品ライフサイクル全体での品質保証」である．品質保証を考えるには，単に製品の販売時の品質だけではなく，販売後の信頼性や廃棄容易性や環境に関する法規制などとの関係も含めた多面的な品質の検討が必要になってきている.

また，ある製品・サービスのライフサイクル全体(資源採取―原料生産―製品生産―流通・消費―廃棄・リサイクル)における環境負荷を定量的に評価する手法を**ライフサイクルアセスメント(LCA)**という.

9. 製品安全，環境配慮，製造物責任

(1) 製品安全

顧客が製品を使用する際の安全を保証するために，安全な製品を作り込むことを**製品安全**という．商品企画，製品設計，製造，販売，使用，修理・保全(サービス)，廃棄処理にいたる全ての活動において，危険性の予見と回避または排除，安全性確保のための表示，安全性に関する記録の管理などによって，製品の安全性を確保しなければならない．また，消費者が安全な製品を使用できるように，製品安全４法(消費生活用製品安全法，電気用品安全法，ガス事業法，液化石油ガスの保安の確保及び取引の適正化に関する法律)が定められている.

(2) 環境配慮

その製品・サービスが環境へ及ぼす影響を配慮して，製品・サービスに関する設計，製造，販売，使用，廃棄を行うことが供給者に求められている．製品の仕様やそれらの試験・評価方法などの規格(JIS 規格など)についてもその配慮が要求されている.

(3) 製造物責任

> **製造物責任(PL：Product Liability)**とは，「ある製品の欠陥が原因で生じた人的・物的責任に対して製造業者が負うべき賠償責任」[23)]のことである.

日本では 1995 年７月から“**製造物責任法(PL 法)**”が施行され，それまでの製造物責任が過失責任であったものが，**無過失(欠陥)責任**に変わった．**無過失責任**とは，欠陥の存在と因果関係の存在を被害者が立証すれば，その製造物を製造販売したものは，故意，過失がなくても責任を負わせるというものである．企業には，製造物責任予防(PLP)，すなわち，PL を発生させないための製品安全(PS)と PL 発生時の製造物責任防御(PD)の活動が求められるようになった.

10. 初期流動管理

初期流動管理とは製品の量産に入る立ち上げの段階で，量産安定期とは異なる特別な体制をとって情報を収集し，スムーズな立ち上げ(**垂直立ち上げ**)を図ることである.

この管理のために，普段よりも頻度を多くデータをとったり，サンプルサイズを増やしたりする．立ち上げのときはトラブルが起きやすいので，特別な管理体制を設けるものである.

11. 市場トラブル対応，苦情とその処理

市場に出た製品の品質に対して顧客から苦情等が提示されることがあるが，それにどのように取り組むかは，「市場トラブル対応」として企業(生産者)にとって，大変重要である.

“**苦情**”とは，「製品若しくはサービス又は苦情対応プロセスに関して，組織に対する不満足の表現であって，その対応又は解決を，明示的又は暗示的に期待しているもの」[15)]である．“**苦情**”のうちで，とくに修理，取替え，値引き，解約，損害賠償などの請求があるものを**クレーム**といって区別する場合もある.

苦情処理は，顧客満足向上に大いに関係しており，一般的には苦情処理連絡書を発行して以下の手順で行う.

① 素早い応急処置(苦情現品の修理，取り替えなど)を行う

② 苦情に関する現品と実地の調査を行う

③ 苦情の原因究明を行う．**発生原因**と**流出原因**の両方について「**なぜなぜ分析**」などを用いて行う.

④ 再発防止策を検討し実施する.

⑤ これらを通じて，製品設計に反映したり，処置結果を標準化する.

ここでの注意点は，苦情がなければ顧客は満足していると判断してよいとは限らないことである．苦情がないのは，当たり前品質が確保できているだけであって，満足度が高いことの証拠にはならない．苦情とは別に，顧客満足の把握(調査)が必要である.

13-02 プロセス保証

重要度 ●●○
難易度 ■■□

1．作業標準書

作業標準書は，目的の品質の製品を実現するために，それにふさわしい作業およびその手順を文書化したものである．**作業指図書**，**作業基準書**，**作業要領書**，**作業マニュアル**などとも呼ばれる．

作業標準書の必要性については，①作業方法を一定にして作業者によるばらつきを少なくする，②作業の習熟を早くする，③現場の監督者が作業を教え，指導監督するための補助手段，④作業の安全性を確保，⑤新規作業者の教育用テキスト，⑥作業改善のたたき台，⑦企業としてのノウハウを文書で残すなどが挙げられる．

内容としては，①作業の要点を押さえてあること．**安全の注意事項**も含む．②結果とやり方の両面から作業を規定し，結果のみを規定しない．③具体的な作業のやり方を図，写真，表を併用(読み物より見もの)で書く．点ではなく，範囲も規定する．④実行可能なものにする．現在の機械，設備で可能なこと．⑤前後工程で落ちがないこと．⑥**異常のときの処置**も記入し，作業者，職場のリーダーのとるべき処置と権限を規定する，などが求められる．

2．プロセス(工程)の考え方

プロセス(**工程**)とは「インプットをアウトプットに変換する，相互に関連する又は相互に作用する一連の活動」である．

プロセスに基づく管理とは，ねらいとする成果を生み出すためのプロセスを明確にし，個々のプロセスを計画どおりに実施し，成果とプロセスの関係，プロセス間の相互関係を把握し，一連のプロセスを有効に機能するように維持・改善することである．

プロセスに基づく管理の基本は，**PDCA** を回してプロセスを**維持**・**改善**することである．

3．QC 工程図(表)，フローチャート

QC 工程図(表)は，１つの製品の原材料，部品の供給から完成品として出荷されるまでの工程の各段階での，管理特性や管理方法を工程の流れに沿って記載した図である．**管理工程図**，**工程保証項目一覧表**などともいわれる．

QC 工程図(表)は，製品ができるまでに経過する工程で，どのような製造条件をコントロールするか，また各工程でどのような品質特性をチェックするかを書き表している．

QC 工程図(表)に盛り込むべき項目としては以下がある．

「工程番号・工程名(工程のステップ)」，「機械・設備名」

「**工程の管理項目**(結果系，要因系)－重要度評価」

「**管理水準**(基準値と管理幅)準拠する作業標準名，番号」

「**管理手段**(管理図，チェックシート，チェックリストなどと頻度，サンプリング方法，サンプル数，測定方法，測定器)」，「**異常処置**，異常報告の基準」

「管理担当者，報告先」，「関連標準類，管理資料」

4．工程異常の考え方とその発見・処置

工程異常とは，「工程が管理状態にないこと」であり，(さまざまな要因が集まった)工程が見逃せない原因によって，定常状態でなくなることをいう．工程異常の検出には，**管理図の活用が有効**であるが，工程に日常直接関係している作業者などの感性(感覚・意識)も大切である．工程異常の検出に際しては，その対応を迅速・確実に行う必要があるので，**工程異常報告書**を発行するのがよい．

この工程異常報告書には，一般に以下のような項目を記入する．①異常発生状況，②原因調査，③応急処置，④再発防止処置，⑤再発防止処置の効果の確認，⑥関連標準類の改訂記録，⑦担当者，⑧確認者．

5．工程能力調査，工程解析

製品の品質を管理し改善するためには，その製品を製造する工程の実態をよく知る必要がある．工程が安定状態であるのか，製品の品質がその規格値に対して満足できる状態なのかなど，工程の持つ質的な能力の把握が重要である．この工程の持つ製品の品質能力を**工程能力**という．工程能力を把握する方法として，製品規格の

幅と工程のばらつきの大きさとの比の関係を表す**工程能力指数** C_p または**かたよりを考慮した工程能力指数** C_{pk} が用いられる.

図 13.3 に示すように C_p と C_{pk} の値によって，平均値に問題があるのか，ばらつきに問題があるのかがわかる.

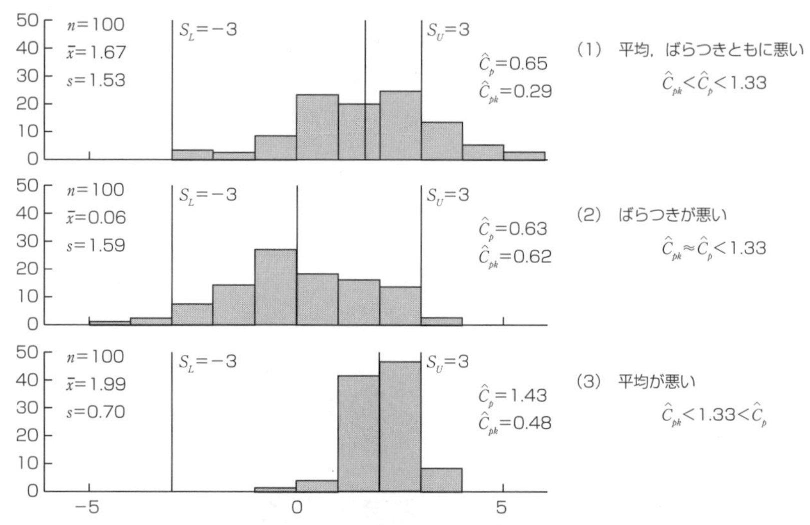

出典） JSQC-Std 21-001：2015「プロセス保証の指針」

図 13.3 C_p と C_{pk} の値と対応する問題

6. 変更管理，変化点管理

(1) 変更管理

変更管理とは，「製品の仕様，形式や設備，工程，材料・部品などに関する変更を行う場合，開発，設計，製造，販売，アフターサービスなどの段階において，変更にもとづくトラブルを未然に防止するために，変更にともなう影響を評価し，問題があれば事前に処置をとること」[31)]である．その変更に応じて，関係する標準類の改訂も早急に行う必要がある．また変更になったということを関係者に迅速・確実に伝えて，変更点を関係者間で周知させる必要がある．さらに，改善を確実にするため，十分な評価と**初期流動管理**が必要となる.

(2) 変化点管理

事態の変化や４Ｍの変更など，条件(要因)や特性に変化が起こった場合が“**変化**

点”である．例えば，故障や特異な入力・環境外乱(温度，台風・地震)，作業の中断や引継ぎ・交替時，図面変更・工程変更などへの対応が不適切であった場合などによって，不具合・異常が発生することがある．このような変化点を早めに把握・監視して，適切な対応をしようというのが“**変化点管理**”である．

“**変更管理**”は，変更に関する問題発生の予防処置であるが，“**変化点管理**”は，変化点発生前／発生時に適切なアクションを実施すること，および変化点発生後に製品の品質確認を実施し，変化が起こったことによる問題を未然に防止する管理をいう．

“**変更や変化**”は，不具合・異常の原因になりやすいので，その事実(情報)を関係者間で迅速に共有し，適切な対応をすることが求められる．

7．検査の目的・意義・考え方(適合・不適合)

検査とは，「品物またはサービスの一つ以上の特性に対して，測定，試験，検定，ゲージ合わせなどを行って，規定要求事項と比較して，適合しているかどうかを判定する活動」(旧 JIS Z 8102-2：1999)である．

検査の目的は品物一つひとつに対して**適合品**／**不適合品**(**良品**／**不良品**)，あるいはロットに対して**合格**／**不合格**の判定をし，不適合品や不合格ロットを後工程や顧客に引き渡さないようにするとともに，検査で得られた製品・サービスの品質に関する情報を伝達し，前工程で**再発防止**や**未然防止**を行う．

8．検査の種類と方法

(1)　検査の段階による分類

①　**受入検査**

物品を受け入れる段階で，一定の基準に基づいて受入れの可否を判定するために行う検査である．

②　**購入検査**

提出された検査ロットを，購入してよいかどうかを判定するために行う検査を**購入検査**という．受入検査のうち，品物を外部から購入する場合を**購入検査**という．

③　**工程間検査**(**工程内検査**・**中間検査**)

生産工程の途中で，後工程に生産途中のものを渡してよいかどうかの判定をするための検査を工程間検査といい，工程内検査，中間検査ともいう．「**品質は工程で作り込め**」の基本にそって製造現場の**自主検査**が多い

④ **最終検査**

できあがった品物が，製品として要求事項を満足しているかどうかを判定するために行う最後の関所の検査．

⑤ **出荷検査**

製品を出荷する際に行う検査を出荷検査という．最終検査終了後にただちに出荷される場合には，最終検査を出荷検査とみることができる．

(2) 検査の方法による分類

① **全数検査**

検査の対象として提出されたすべての品物について検査を行う方法．

② **抜取検査**

検査の対象として提出された品物の中からサンプルを抜き取って試験をし，その結果を合否判定基準と比較して合格・不合格を判定する検査方法(第6章参照)．

③ **無試験検査**

品質情報，技術情報に基づいて，サンプルの試験を省略する検査方法をいう．無試験検査が採用されるのは，技術的にも使用実績からも，不良品(不適合品)が出たり，そのために次工程や使用者に迷惑となることがほとんどないと判断される場合である．

④ **間接検査**

受入検査で供給側のロットごとの検査成績を必要に応じて確認することにより，受入側の試験を省略する検査方法．

9. 計測の基本

計測とは，「特定の目的を持って，事物を量的にとらえるための方法・手段を考及し，実施し，その結果を用い初期の目的を達成させること」[3)]をいう．

計測器とは，計器，測定器，標準器などの総称をいう．温度計や圧力計も計測器である．

10. 計測の管理

計測器はしっかりした管理のもとに使用されなければならない．管理の源は**校正**

である．「品質マネジメントシステム」(JIS Q 9001：2015)では，測定器は国家標準(一次標準)にトレース可能な計量標準に照らして，定められた間隔または使用前に校正または検証しなければならないとされている．1993年の計量法改正により，**トレーサビリティ制度**が創設され，国がもつ一次標準器および標準物質が指定され，それらの標準器によって校正され，独立行政法人製品評価技術基盤機構が認定した事業者(登録事業者)の二次標準によって，実用標準(社内標準)が校正されるという体系が確立されている．このような下位から上位へ標準をさかのぼっていく体系をトレーサビリティ体系といい，個々の計測器が国家標準につながっていることをトレーサブルという．

11．測定誤差の評価

正確な計測のために，測定誤差の分析が必要である．測定には必ず誤差が伴う．一般には，**測定値＝真の値＋誤差**(**サンプリング誤差＋測定誤差**)と表すことができる．誤差を詳しく図示すると，図13.4のようになる．

かたより：測定値の母平均から真の値を引いた値．

ばらつき：測定値の大きさがそろっていないこと．また，ふぞろいの程度．

残差：測定値から試料平均を引いた値．

偏差：測定値から母平均を引いた値．

誤差：測定値から真の値を引いた値．

また，**正確さ**(**真度**)はかたよりの小さい程度，**精密さ**(**精密度**)はばらつきの小さい程度をいい，**精度**(**精確さ**)は正確さと精密さを含めた，測定量の真の一致の度合いをいう．

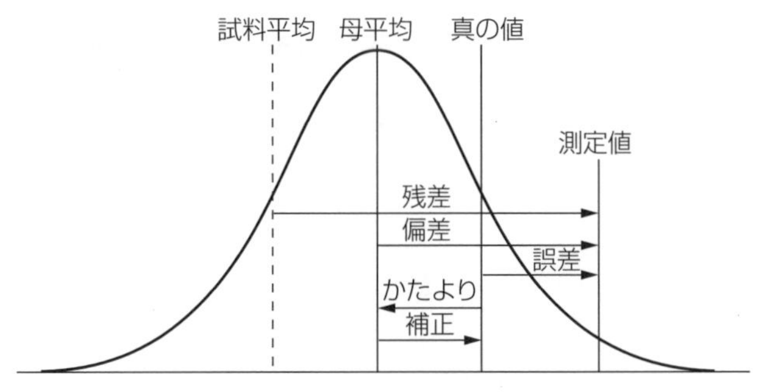

出典）旧JIS Z 8103：2000「計測用語」

図13.4　計測の誤差

12. 官能検査，感性品質

官能検査は，官能特性を人の感覚器官によって調べ，それに基づく評価である．この官能特性とは，「人間の感覚器官が感知できるもの」である．

官能検査における品質の表示は，a)数値による表現，b)言葉による表現，c)図や写真による表現，d)検査見本による表現，などで行うことができるが，数値によることが多い． 外観，色，味，においなど人間の感覚が測定器として用いられる官能検査では，個人差が大きいので，資格制度を設けて担当者の識別能力のレベル分けを行うことなどが重要である．

感性品質とは，人間の五官(五感)などの「感覚」だけでなく，人間の情緒や感情，気持ちや気分，好感度，選好，快適性，使いやすさ，生活の豊かさなどの「感じ方」をも含んだ品質のことを意味している．商品開発においては，「感性」を重視し，「感性に訴える商品」を提供することが求められるようになってきている．

これができれば合格！

- ステップ別品質保証の理解
- DR・FMEA・FTA の内容の理解
- 作業標準書と QC 工程図の内容の理解
- 変更管理と変化点管理の違い
- 工程能力指数の説明と C_p，C_{pk} の違いの理解
- 検査の種類とその内容の理解

第14章

品質経営の要素

経営管理技術である TQM は品質経営の要素をコアとして，進めていくことが重要である．

本章では，“ 品質経営の要素 ”の要点を学び，下記のことができるようにしておいてほしい．

- 方針における重点課題，目標，方策，展開とすり合わせの説明
- 機能別管理，クロスファンクショナルチームの説明
- 日常管理の分掌業務，管理項目の説明
- 標準化の目的，社内標準化の進め方
- 小集団活動，教育体系，ISO 9001 の説明

14-01 方針管理

重要度 ●●○
難易度 ■■□

方針管理とは，「方針を，全部門及び全階層の参画の下で，ベクトルを合わせて重点指向で達成していく活動．注記　方針には，中長期方針，年度方針などがある」[11)]．

1．方針(目標と方策)

方針とは，「トップマネジメントによって正式に表明された，組織の使命，理念及びビジョン，又は中長期経営計画の達成に関する，組織の全体的な意図及び方向付け」[11)]である．

方針には，一般的に，次の３つの要素が含まれる．

a）**重点課題**：「組織として優先順位の高いものに絞って取り組み，達成すべき事項」[11)]．

b）**目標**：「目的を達成するための取組みにおいて，追求し，目指す到達点」[11)]．

c）**方策**：「目標を達成するために，選ばれる手段」[11)]．

2．方針のしくみとその運用

方針管理のプロセスの中核は，中長期経営計画を踏まえ，組織において次の４つの事項である．

• 方針の策定，方針の展開，方針の実施およびその管理，期末のレビュー

組織の**方針策定**は，中長期経営計画，経営環境の分析，前期の期末のレビューの結果などを踏まえて，当該の期(年度など)において組織として達成すべき方針(重点課題，目標および方策)を定める．

3. 方針の展開

方針展開は，策定した組織方針を，組織の階層に従って下位の方針に展開し，上位の管理者および下位の管理者(複数)で**すり合わせ**を行う．

上位の方針と下位の方針との一貫性が必要である．上位の管理者は，下位の方針への展開および具体化と，下位の管理者は自分が担当する部門の状況を踏まえ提案

をする．次いで，上位方針に対する追加および修正を行う．下位に展開された**方針**（**方策**）が確実に**実施**されるよう，具体的な**実施計画**およびその達成**状況を評価**するための管理項目の設定をする．期中は，実施計画の活動を進め，計画が進んでいない場合は，原因追究し，方針および実施計画の変更を含む必要な処置をとる．期末は，各方針および**実施計画の達成状況**および**実施状況を評価**し，その期の組織方針の達成状況および実施状況を総合的にレビューする．レビュー結果は，経営環境の変化などを考慮し，次期の方針に反映する（図 14.1）．

4. 方針の達成度評価と反省

期末には，方針管理の実施結果の総合的な見直しを行う．年度の方針の実施結果を整理し，各部門の来年度以降の課題を明確にする．また，方針管理の仕組みの問題も検討する．方針の展開の際に用いた系統図などで，目標の設定，方針の展開，実施計画の進捗のどこに問題があるのかを明確にする．

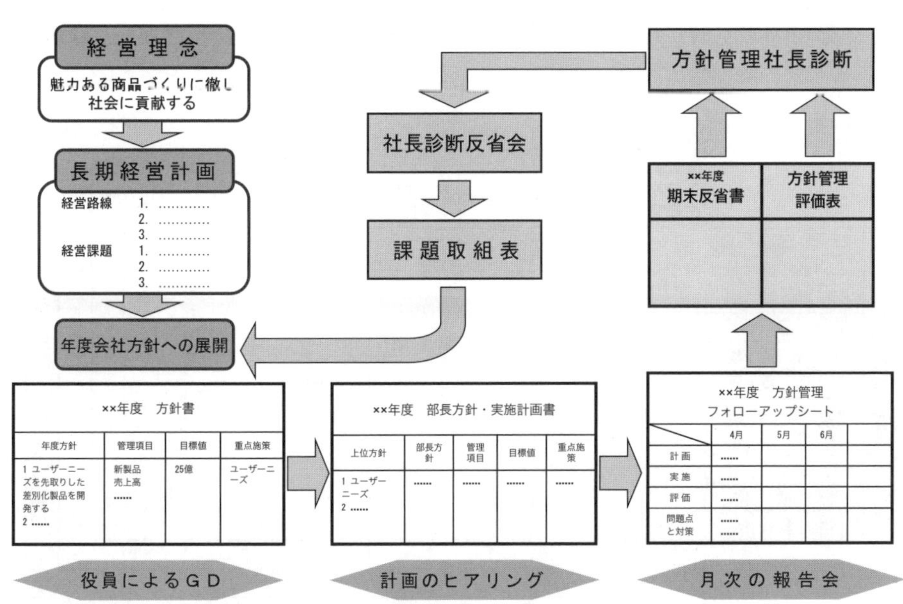

出典） 細谷克也：『図説・TQM』（品質月間テキスト No.290），品質月間委員会，1999 年

図 14.1 方針の展開

14-02 機能別管理

重要度 ●●○
難易度 ■■□

機能別管理とは,「組織を運営管理する上で基本となる要素(例えば品質,コスト,量・納期,人材育成,環境など)などについて,各々の要素ごとに部門横断的なマネジメントを構築し,当該要素に責任を持つ委員会などを設けることによって総合的に運営管理し,組織全体で目的を達成していくことである」(旧 JIS Q 9023:2003)(図 14.2).

方針管理が導入されて改善が進んでいくと,部門だけでは解決が困難となり,部門間にまたがる問題の改善が必要になる.営業部,開発部,技術部,製造部,購買部といった部門単位の改善活動に加え,各部門を横通しにした管理機能である**機能別管理**を導入するのである.縦糸のみの組織に横糸を通す**マトリックス管理**を行うことにより,経営管理システムが強化される.

機能別管理では,従来の部門を横断して重要な機能を取り上げ,**機能別委員会**を組織し,対象となる機能を管理する.必要により**クロスファンクショナルチーム**(**CFT**)を編成する.クロスファンクショナルチームとは,「部門横断チームのことで,部門単独では解決が困難な課題に対処するために,異なった部門から,活用できるすべての関連知識および技術を結集し編成されたチーム」のことである.

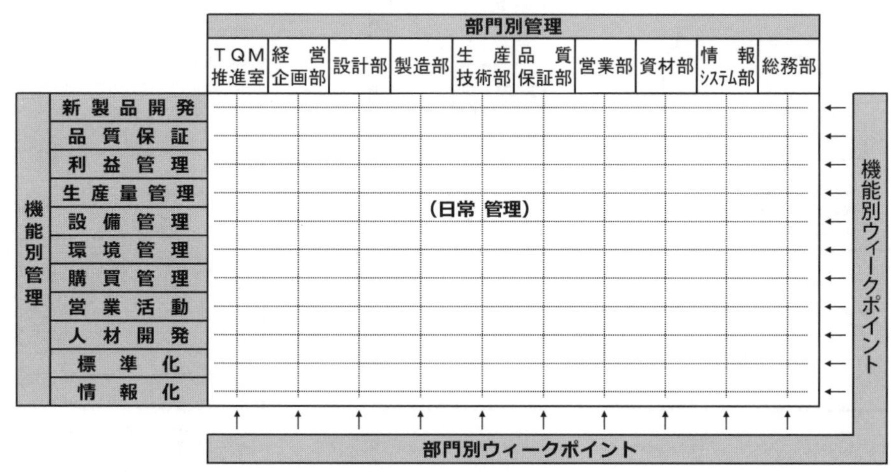

出典) 細谷克也:『図説・TQM』(品質月間テキスト No.290),品質月間委員会,1999 年

図 14.2 機能別管理

14-03 日常管理

重要度 ●●●
難易度 ■■□

日常管理とは，「組織の各部門において，日常的に実施しなければならない分掌業務について，その業務目的を効率的に達成するために必要な全ての活動」をいう(JIS Q 9026：2016)[14)].

“**管理**”とは，「ある目的(仕事)を継続的に，かつ効果的，効率的に達成するためのすべての活動のこと」である.

1．業務分掌，責任と権限

組織構造は分掌と調整の基本的枠組みであり，部門の存在意義となる部門の役割を規定したものが**業務分掌**である．定期的に各部門の使命と役割を明確にしたうえで**業務分掌**を再定義する必要がある.

責任と権限を考えるうえで，**使命・役割**を明確にするには，**業務分掌**を参考にしながら，関係者が集まって話し合って決める．使命・役割には，現在行っている業務から決まってくる部分および組織の経営目標から決まってくる部分がある．業務を再整理し，各業務の目的および成果が何かを考え，目的および成果の視点から使命・役割を規定する．組織の経営目標から決まってくる部分については，上位組織の使命・役割を基に，その達成において自部門が果たせる機能および果たす必要のある機能を考え，上位管理者および他部門との調整を行ったうえで，使命・役割を規定する．部門の管理者は，明確になった使命・役割について，構成員に自らのものとして納得および理解させる.

2．管理項目(管理点と点検点)，管理項目一覧表

管理項目とは，「目標の達成を管理するために評価尺度として選定した項目」である(JIS Q 9026：2016)[14)]．網羅的に設定する必要はなく，後工程または顧客にとって重要で，当該プロセスの状態をもっともよく反映するものを選ぶ.

点検項目とは，「工程異常の発生を防ぐ，または工程異常が発生した場合に容易に原因が追究できるようにするために，プロセスの結果に与える影響が大きく，直接制御が可能な原因系の中から，定常的に監視する特性または状態として

選定した項目．注記　点検項目は，要因系管理項目と呼ばれることもある」(JIS Q 9026)[14]．

選定した**管理項目**は，管理水準，管理の間隔・頻度などとともに，**管理項目一覧表** または QC 工程表に記述するなどして，組織で共有する．

日常管理には維持のための管理と改善のための管理がある．維持のための管理には管理水準を伴った管理グラフが用いられ，改善のための管理に目標値を伴った管理グラフが用いられる．

3．異常とその処置

工程異常，**異常**とは，「プロセスが管理状態にないこと．注記　管理状態とは，技術的および経済的に好ましい水準における**安定状態**をいう」[14]．

プロセスが管理状態にないことで，異常が発生し，プロセスの中で造り込まれたモノやコトの不適合が発生する．

不適合とは，「要求事項を満たしていないこと」である[5]．

異常が発生した場合には，大きな事故又は損失につながらないように，ただちに発生事実を確認し，対応の仕方を明確にする必要がある．また，プロセスに関する情報は時間とともに失われていくので，**原因の追究**は，異常が発生したときにただちに行う．

なお，応急対策と再発防止については第 10 章を参照のこと．

4．変化点とその管理

プロセスにおける人，部品・材料，設備などの重要な要因の変化を明確にし，特別の注意を払って監視することによって，作業者の欠勤，部品・材料ロットの切替え，設備の保全などに伴う異常の発生を未然に防ぐのがよい．このような管理は，**変化点管理**と呼ばれる．

人，部品・材料，設備，標準などの条件が変わることで発生する場合が多いため，プロセスで発生している人，部品・材料，設備，標準などの**変化点**を明確にし，異常を検出するための管理図または管理グラフの近くに示しておくことで，発生した異常の原因の追究を容易にする．

14-04 標準化

重要度 ●●●
難易度 ■■□

1. 標準化の目的・意義・考え方

"標準" とは「a)関連する人々の間で利益又は利便が公正に得られるように，統一し，又は単純化する目的で，もの(生産活動の産出物)およびもの以外(組織，責任権限，システム，方法など)について定めた取り決め．b)測定に普遍性を与えるために定めた基本として用いる量の大きさを表す方法又はもの(SI 単位，キログラム原器，ゲージ，見本など)」[2)]である．

"標準化" とは，標準を作り，それを活用していく活動である．

"標準化の目的" は，表 14.1 の 7 つにある．

2. 社内標準化とその進め方

社内標準化は，品質，コスト，納期，安全，環境管理など，すべての企業活動を適切に実施するために欠くことのできない活動である．

"社内標準" とは，「個々の会社内で会社の運営，成果物などに関して定めた標準」[2)]であり，「会社の運営に関しては，経営方針，業務分掌規定，就業規則，経理規定，マネージメントの方法など」，また「成果物に関して製品(サービス及びソフトウェアを含む)，部品，プロセス，作業方法，試験・検査，保管，運搬などに関するもの」が挙げられる．**社内標準**は，通常，社内で強制力をもたせている．

社内標準化の体制づくりとして，①**社内標準化推進の方針決定**，②**推進組織の整備**，③**社内標準化体系の決定**，④**社内標準の制定・改廃**など運用手続きの決定が重要である．

3. 産業標準化法，国際標準化

わが国では，工業標準化法が定められ鉱工業品の標準化が図られていたが，2019 年に，①データ，サービスなどへの標準化の対象拡大，② JIS の制定などの迅速化，③ JIS マークの信頼性確保のための罰則強化，④官民の国際標準化活

表 14.1　標準化の目的

用語	定義
目的適合性	定められた条件の下で，製品，プロセス又はサービスが，所定の目的にかなう能力.
両立性	定められた条件の下で，複数の製品，プロセス又はサービスが，許容できない相互作用を引き起こすことなく，それぞれの直接関係する要求事項を満たしながら，共に使用できる能力.
互換性	ある一つの製品，プロセス又はサービスを別のものに置き換えて用いても，同じ要求事項を満たすことができる能力．注記　機能からみた互換性を機能互換性，寸法からみた互換性を寸法互換性という.
多様性の制御	大多数の必要性を満たすように，製品，プロセス又はサービスの種類を最適化すること．注記　通常，多様性の制御は，種類の削減に関係する.
安全	危害の容認できないリスクがないこと．注記　標準化では，製品，プロセス及びサービスの安全は，一般に，人及び財産に対する危害の避けることのできるリスクを容認できる程度にまで削減する幾つかの要素の最適な釣り合いをとる，という見地から検討する．これらの要素には，人の行動のような技術以外のものも含まれる.
環境保護	製品，プロセス及びサービスそれ自体及びその運用によって生じる容認できない被害から，環境を守ること.
製品保護	使用中，輸送中又は保管中，気候上の好ましくない条件又はその他の好ましくない条件から製品を守ること.

注）JIS Z 8002：2006[2] より作成

動の促進を目的に，「工業標準化法」は「**産業標準化法**」に，「日本工業規格(JIS)」は「**日本産業規格(JIS)**」に改正された(2019 年 7 月 1 日施行)．JIS マーク表示制度として，① **JIS マーク表示制度**，②**試験事業者登録制度**がある.

標準化についての代表的な機関として，**国際標準化機構**(International Organization for Standardization：**ISO**)，**国際電気標準会議**(International Electrotechnical Commission：**IEC**)と**国際電気通信連合**(International Telecommunication Union：ITU)がある．ISO は，1947 年に設立され，電気・電子分野および電気通信分野を除く工業分野の国際的な標準である国際規格を策定するための民間の非政府組織である．本部はスイスにあり，スイス民法による非営利法人で，各国 1 機関が参加できる.

14-05 小集団活動

重要度 ●●●
難易度 ■□□

“**小集団**”とは，「第一線の職場で働く人々による製品，またはプロセスの改善を行う小グループである．この小集団は，**QC サークル**と呼ばれることがある」[32)]．

QC サークルとは，「第一線の職場で働く人々が，継続的に製品・サービス・仕事などの質の管理・改善を行う小グループ」である．この**小グループ**は，「運営を自主的に行い，QC の考え方・手法などを活用し，創造性を発揮し，自己啓発・相互啓発をはかり」活動を進める．

この活動は，「QC サークルメンバーの能力向上・自己実現，明るく活力に満ちた生きがいのある職場づくり，お客様満足の向上，および社会への貢献をめざす」[35)]．また，「経営者・管理者は、この活動を企業の体質改善・発展に寄与させるために，人材育成・職場活性化の重要な活動として位置づけ，自らTQM などの全社的活動を実践するとともに，人間性を尊重し，全員参加をめざした指導・支援を行う」[35)]こととしている．

小集団活動の基本的な運営手順は，次のとおりである．

手順 1　職場の監督者がリーダーになって小集団を編成する．メンバーは部下の従業員で，所属長の承認を受ける．

手順 2　社内小集団事務局へ登録を行う．

手順 3　課の年度方針をよく見て，職場の問題点を選び，テーマを設定する．

手順 4　活動計画を作成し，活動計画書にまとめる．

手順 5　小集団活動を実施する．計画に基づいて問題・課題解決活動を実施する．

手順 6　活動状況，目標に対する達成状況についてチェックし，進捗を図る．

手順 7　成果を改善活動報告書にまとめて発表する．また，活動の反省を行い，次の小集団活動計画に反映させる．

14-06 人材育成

重要度 ●●○
難易度 ■□□

1. 人材育成

人材育成とは，長期的視野に立って企業に貢献できる人材を育成することである．単に教育・訓練といった狭義の活動だけではなく，主体性，自立性をもった人間としての一般的能力の向上をはかることに重点をおき，企業の業績向上と従業員の個人的能力の発揮との統合をめざしている．品質管理の実効をあげるためには，“QC は教育に始まって教育に終わる”（石川馨）といわれているように品質管理教育は不可欠である．

2. 品質管理教育

品質管理教育とは，「顧客・社会のニーズを満たす製品・サービスを効果的かつ効率的に達成するうえで必要な価値観，知識および技能を組織の全員が身に着けるための，体系的な人材育成の活動」である．

3. 品質管理教育の組織別・階層別などの層別

品質管理教育には，組織内で行うものと組織外で行うものがあり，**階層別**（部長，課長，係長，監督者，作業者，新入社員など）または**部門別・職能別**，組織を越えて共通専門知識教育などで行う場合が多い．

組織の全員が必要な**力量**をもっているかを定期的に評価し，計画的に教育訓練することが重要であり，組織におけるすべての教育訓練を一覧化した**教育体系**を確立しておくことが望ましい．

図 14.3 に人材育成体系の概念図を示す．

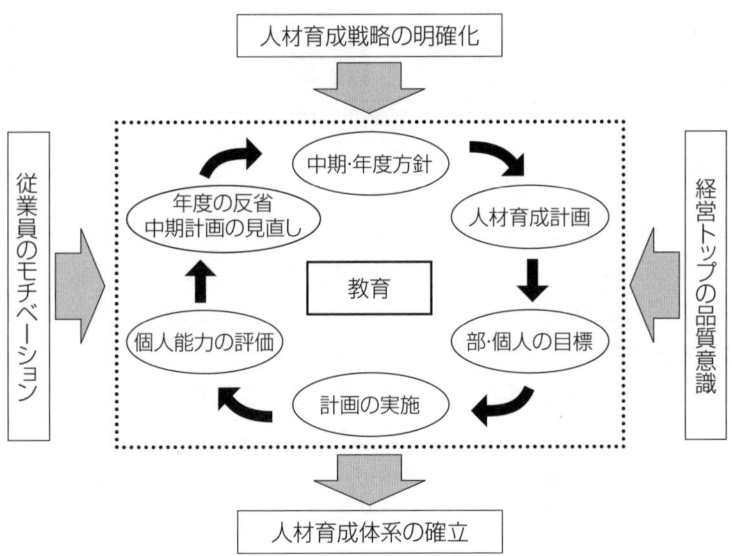

出典）　日本品質管理学会編：『新版 品質保証ガイドブック』，日科技連出版社，2009 年

図 14.3　人材育成体系の概念図

14-07 診断・監査

重要度 ●●○
難易度 ■□□

1. 監査

"**監査**"とは，「監査基準が満たされている程度を判定するために，監査証拠を収集し，それを客観的に評価するための体系的で，独立し，文書化したプロセス」(JIS Q 9000：2015)[5)]である．監査は，品質マネジメントシステムに関する要求事項がどの程度満たされているかを判定するために行われる．

監査は，監査側と被監査側の関係によって，第一者監査，第二者監査および第三者監査に区分される．**第一者監査**は，組織が自ら監査することで，内部監査とも呼ばれる．**第二者監査**は顧客またはその代理人などによって行われる監査であり，外部の独立した監査機関によって行われる監査が**第三者監査**である．

これらの監査の種類を図 14.4 に示す．

2. トップ診断

品質管理活動を行ううえで一番大切なことは，その企業のトップ(代表者，社長など)が真の品質管理の理解者であり，リーダーシップのある推進者であることである．そのためには，トップ自身が行うトップ診断は，非常に大切な推進活動である．

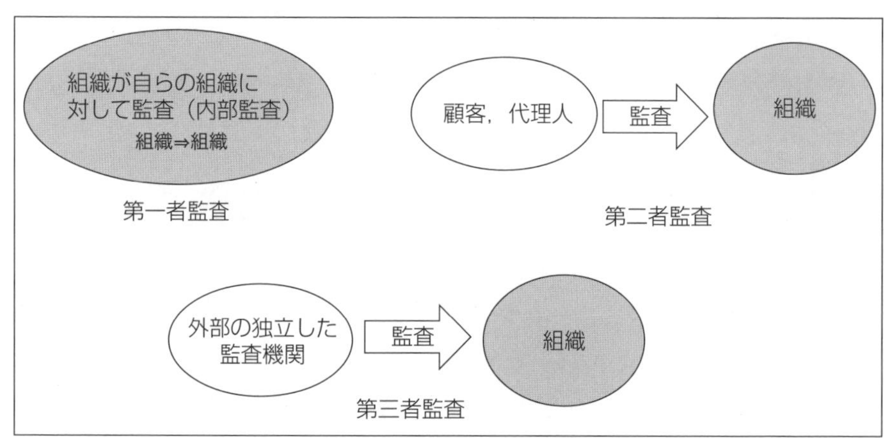

図 14.4　監査の種類

14-08 品質マネジメントシステム

重要度 ●●○
難易度 ■□□

1. 品質マネジメントの原則

品質マネジメントの原則は，JIS Q 9000：2015[5)]に規定されており，表14.2 の事項をいう．

表 14.2 品質マネジメントの原則

原則	説明
顧客重視	品質マネジメントの主眼は，顧客の要求事項を満たすこと及び顧客の期待を超える努力をすることにある．
リーダーシップ	全ての階層のリーダーは，目的及び目指す方向を一致させ，人々が組織の品質目標の達成に積極的に参加している状況を作り出す．
人々の積極的参加	組織内の全ての階層にいる，力量があり，権限を与えられ，積極的に参加する人々が，価値を創造し提供する組織の実現能力を強化するために必須である．
プロセスアプローチ	活動を，首尾一貫したシステムとして機能する相互に関連するプロセスであると理解し，マネジメントすることによって，矛盾のない予測可能な結果が，より効果的かつ効率的に達成できる．
改善	成功する組織は，改善に対して，継続して焦点を当てている．
客観的事実に基づく意思決定	データ及び情報の分析及び評価に基づく意思決定によって，望む結果が得られる可能性が高まる．
関係性管理	データ及び情報の分析及び評価に基づく意思決定によって，望む結果が得られる可能性が高まる．

2. ISO 9001

ISO 9001 規格は，1987 年発行の**国際規格**であり，2000 年の改訂で「品質システム—要求事項」から「**品質マネジメントシステム—要求事項**」とタイトルが変わり，2015 年に第 5 版が改訂され，日本では，JIS Q 9001：2015 として一致規格が制定されている(図 14.5)．現在はこれが利用されている．

序文
0.1 一般
0.2 品質マネジメントの原則
0.3 プロセスアプローチ
0.4 他のマネジメントシステム規格との関係
1 適用範囲
2 引用規格
3 用語及び定義
4 組織の状況
5 リーダーシップ
6 計画
7 支援
8 運用
9 パフォーマンス評価
10 改善

図 14.5 JIS Q 9001 の目次

認証制度とは，**製品・サービス**，**プロセス**，**システム**または**要員**に対する特定の要求事項への適合性を，**第三者（認証機関）が審査**し，証明する第三者認証制度のしくみである．ISO 9001 規格は，品質マネジメントシステム認証制度の基準規格として用いられている．

これができれば合格！

- 方針管理，方針，方針の展開，方針の達成度評価と反省の理解
- 機能別管理の説明
- 日常管理，業務分掌，管理項目（管理点と点検点），管理項目一覧表，異常，変化点の理解
- 標準，標準化の目的，社内標準化の進め方の理解
- 小集団（QC サークル）活動の進め方の理解
- 人材育成，品質管理教育，教育体系の理解
- 品質マネジメントの原則，ISO 9001，第三者認証制度の理解

第15章

倫理・社会的責任

品質管理に携わる人には，高い倫理が求められる．また，近年の企業の不祥事多発に鑑み企業の社会的責任が問われている．

本章では，“倫理・社会的責任”について学び，下記のことができるようにしておいてほしい．

- 品質管理に携わる人に求められる倫理の理解と説明
- 企業のコンプライアンス(法令遵守)，コーポレートガバナンス(企業統治)，ディスクロージャー(情報開示)などの社会的責任の意味の理解と説明

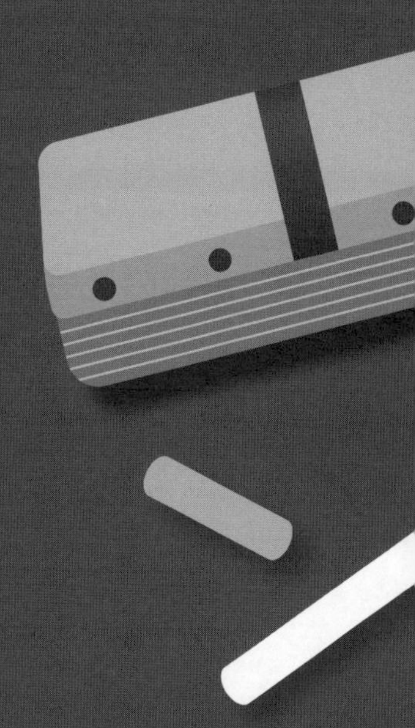

15-01 倫理・社会的責任

重要度 ●○○
難易度 ■□□

1．品質管理に携わる人の倫理

品質管理活動に携わる技術者は，社会からの期待ならびに社会的責任を強く自覚した行動をとらなければならない．（社）日本品質管理学会では，「日本品質管理学会会員の倫理的行動のための指針」[37)]として，学会員が，遵守すべき点の指針が提示されている．倫理条項の本文に，次の条項が提示されている．

（ア） 会員は，専門家としての行為を適法，倫理的かつ誠実なものとすることを通じ，品質管理専門職の社会的意義，評価を高めるように努力する．

（イ） 会員は，公共の安全・福祉増進に寄与できる機会には，優先的に自身の専門性と技量を発揮する．

（ウ） 会員は，専門職として職務に誠実に取り組み，社会に対して欺瞞的・背信的行為を行わない．このため自らの職務における専門的判断や専門職としての行動が，多様な利害関係の相克によって偏りが生じる事態の予防に心掛ける．

（エ） 会員は，自身の行為に対する責任を受入れ，他人の貢献を正当に評価する．

（オ） 会員の専門家として責任を持つ行動・職務・発言は，原則として自身の専門領域に限定する．

（カ） 会員が，専門家としての主張，推論を公表する際には，第三者が検証可能な情報に基づいて，客観的かつ真実に即した方法で行う．

2．企業の社会的責任

企業の社会への貢献は，企業が行う慈善事業から始まった．その後，人権，環境，消費者保護，汚職防止などの観点が重要視されると，社会は企業へ，**コンプライアンス**（**法令遵守**），**コーポレートガバナンス**（**企業統治**），**ディスクロージャー**（**情報開示**）などを「**企業の社会的責任**」（**Corporate Social Responsibility**：**CSR**）として要求するようになった．

最近では，「社会的責任（Social Responsibility：SR）」の担い手は企業組織に限らず，さまざまな種類の組織に拡大され，組織の活動が社会や環境に及ぼす影響に対しての責任が求められるようになった．

JIS Z 26000：2012「社会的責任に関する手引」[16)]は，2010 年に発行された ISO 26000 をもとに，技術的内容および構成を変更することなく作成した日本産業規格である．同規格では，以下のように述べている．

> 世界中の組織及びその**ステークホルダー**は，社会的に責任ある行動の必要性，及び社会的に責任ある行動による利益をますます強く認識するようになっている．社会的責任の目的は，持続可能な発展に貢献することである．
>
> 社会的責任の七つの原則
>
> 1） **説明責任**
>
> 組織は，自らが社会，経済及び環境に与える影響について説明責任を負うべきである．
>
> 2） **透明性**
>
> 組織は，社会及び環境に影響を与える自らの決定及び活動に関して，透明であるべきである．
>
> 3） **倫理的な行動**
>
> 組織は，倫理的に行動すべきである．
>
> 4） **ステークホルダーの利害の尊重**
>
> 組織は，自らのステークホルダーの利害を尊重し，よく考慮し，対応すべきである．
>
> 5） **法の支配の尊重**
>
> 組織は，法の支配を尊重することが義務であると認めるべきである．
>
> 6） **国際行動規範の尊重**
>
> 組織は，法の支配の尊重という原則に従うと同時に，国際行動規範も尊重すべきである．
>
> 7） **人権の尊重**
>
> 組織は，人権を尊重し，その重要性及び普遍性の両方を認識すべきである．

自らの社会的責任の範囲を定義し，関連性のある課題を特定し，その優先順位を設定するために，組織は，次の中核主題に取り組むべきであるとしている．

- **組織統治**
- **人権**
- **労働慣行**
- **環境**
- **公正な事業慣行**
- **消費者課題**
- **コミュニティへの参画及びコミュニティの発展**

これができれば合格！

- 品質管理に携わる人の倫理についての理解
- 企業の社会的責任についての理解

第16章

品質管理周辺の実践活動

TQM 活動では，いろいろな経営管理技術を取り込んで進めていかなければならない．品質管理周辺の活動としては，QC 検定2級では，顧客価値創造技術，IE，VE，設備管理，資材管理，生産における物流・量管理などが出題範囲となっている．

本章では“品質管理周辺の実践活動”について学び，下記のことができるようにしてほしい．

- 顧客価値創造技術の一つである商品企画七つ道具の手法の使い方と意味の理解
- IE，VE の内容と意味の理解
- 設備管理，資材管理，物流・量管理の内容と意味の理解

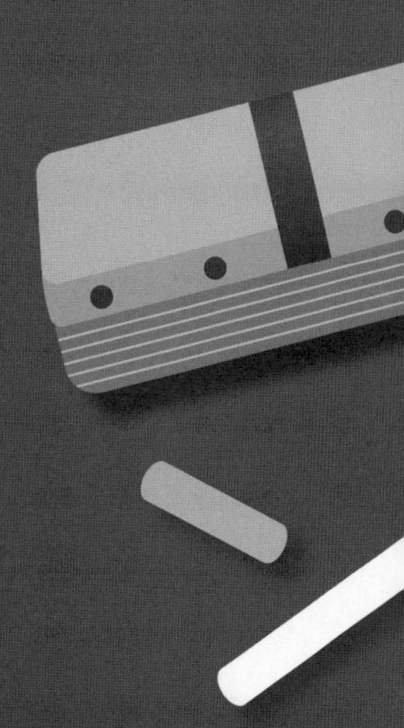

16-01 品質管理周辺の実践活動

重要度 ●○○
難易度 ■■□

1．顧客価値創造技術

顧客価値創造技術とは，「顧客にとっての価値（商品やサービスを通して顧客が認識する，期待する価値を提供する）を創造し，高めるための技術」である．顧客価値を創造するためには，どのような商品を作るか（商品企画）が重要なポイントとなる．商品企画のための有効なツールとして「商品企画七つ道具」が提唱され，活用されている．

2．商品企画七つ道具

「**商品企画七つ道具**」（**P7** ともいわれる）とは，商品企画に必要な調査やデータ分析，アイデア発想などの手法を，商品企画の流れに沿ってまとめた商品企画の支援ツールである．こういった支援ツールを用いることにより，商品企画の業務をスムーズに進めたり，データ分析などを効果的に進めたりして，顧客が感動する商品づくりができるようになる．P7 の流れと手法を表 16.1 に示す．

3．IE

IE（**Industrial Engineering**：**経営工学**）とは，「経営目的を定め，それを実現するために，環境（社会環境および自然環境）との調和を図りながら，人，物（機械・設備，原材料，補助材料およびエネルギー），金および情報を最適に設計し，運用し，統制する工学的な技術・技法の体系」[4)]のことである．手法には，工程分析，稼働分析，時間研究，動作研究，運搬分析，事務分析，PTS 法などがある．

4．VE・VA

VE（**Value Engineering**：**価値工学**）とは，製品の価値を（機能／コスト）でとらえて，その値を最大化していく組織的活動である．**VA**（**Value Analysis**：**価値分析**）も同様であるが，量産前の価値分析を **VE**，量産後の価値分析を **VA** として区別することもある．

表 16.1　商品企画七つ道具 (P7) の流れと手法 [38)]

企画のステップ	商品企画七つ道具	実施内容
発　想	①仮説発想法	“フォト日記” や “仮説発掘アンケート” などを通し，隠されたニーズの仮説を大量に導き出す．
	②アイデア発想法	たくさんのアイデアを発想するための手法を用い，仮説から企画アイデアを発想する．
検　証	③インタビュー調査	少数ユーザーに対して対話形式で調査を行い，企画アイデアを深掘りする．
	④アンケート調査	ユーザーにアンケートを実施し，データ分析を行うことで，企画の方向性・有効性などを分析する．
	⑤ポジショニング分析	これまでのデータをもとに，競合製品との比較分析や優位点を明確にする．
最適化	⑥コンジョイント分析	より具体的な企画サンプルについて市場調査を行い，企画の検証と最適なコンセプトを決定する．
リンク	⑦品質表	決定企画の内容を製品設計に落とし込む．

5. 設備管理

設備管理とは，「設備の計画，設計，製作，調達から運用，保全をへて廃却・再利用に至るまで，設備を効率的に活用するための管理」[4)] である．製造工程の能力は，設備の能力でほぼ決まるといえる．したがって，設備能力を十分発揮させるために，設備の特性を把握しそれを踏まえた管理方式を構築することが重要である．

6. 資材管理

資材管理とは，「所定の品質の資材を必要とするときに必要量だけ適正な価格で調達し，要求元へタイムリーに供給するための管理活動」[4)] である．資材管理の目的は，良い品質の製品が問題なく製造できる条件を資材の面から整えることにより，できあがってくる製品の品質を保証することである．

7. 生産における物流・量管理

物流(物的流通)とは，「物資を供給者から需要者へ，時間的および空間的に移動する過程の活動．一般的には，包装，輸送，保管，荷役，流通加工及びそれらに関連する情報の諸機能を総合的に管理する活動」[1)]をいう．

「物流」と同義語的で**ロジスティクス**という言葉が使われることも多いが，本来のロジスティクスは，調達から販売，消耗部品の供給という物流的な側面の他に，設備メンテナンス体制や製品のライフサイクルを課題にする広範な領域の業務を対象としている．

最近，サプライチェーンマネジメントという言葉もよく耳にするが，**サプライチェーンマネジメント**とは，こうしたモノの流れ，お金の流れを情報の流れと結びつけ，サプライチェーン全体で情報を共有，連携し，全体最適化を図る経営手法のことである．この場合，部分最適の和が必ずしも全体最適を意味するわけではなく，サプライチェーン全体のバランスを見て連携管理することが極めて重要となる．

これができれば合格！

- 商品企画七つ道具の内容の理解
- IE，VE，VA の言葉の理解

付図・付表

付表 1 ～ 6 の出典：森口繁一，日科技連数値表委員会編：『新編　日科技連数値表―第 2 版』，日科技連出版社，2009 年

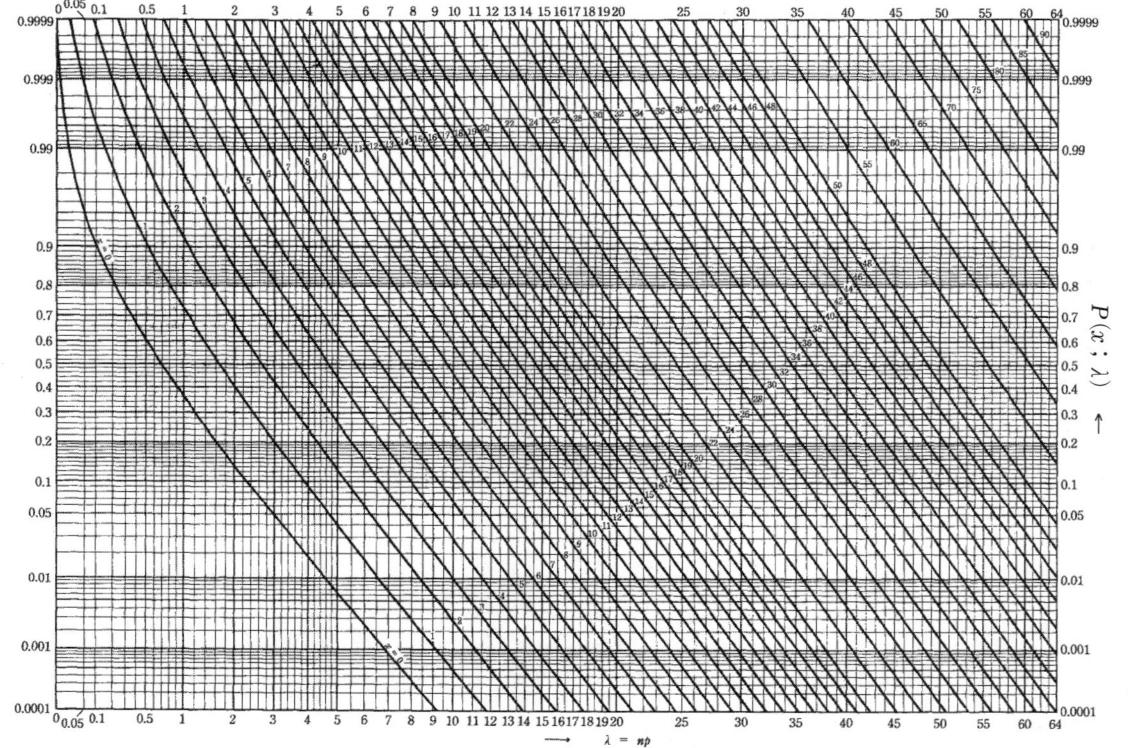

累積確率曲線―ポアソン分布，不良率 p である無限母集団から抜き取った n 個のサンプル中に x 個以下の不良の起こる確率を求めるための関数

出典）　山内二郎他編，『簡約統計数値表』日本規格協会，p.98, 1977 年

付図１　累積確率曲線（ソーンダイク―芳賀曲線）

付表 1　正規分布表

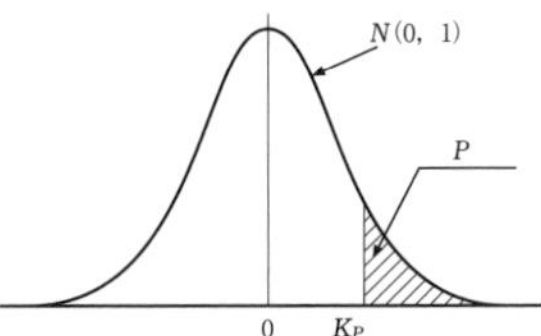

（I）　K_P から P を求める表

K_P	*=0	1	2	3	4	**5**	6	7	8	9
0.0*	**.5000**	.4960	.4920	.4880	.4840	**.4801**	.4761	.4721	.4681	.4641
0.1*	**.4602**	.4562	.4522	.4483	.4443	**.4404**	.4364	.4325	.4286	.4247
0.2*	**.4207**	.4168	.4129	.4090	.4052	**.4013**	.3974	.3936	.3897	.3859
0.3*	**.3821**	.3783	.3745	.3707	.3669	**.3632**	.3594	.3557	.3520	.3483
0.4*	**.3446**	.3409	.3372	.3336	.3300	**.3264**	.3228	.3192	.3156	.3121
0.5*	**.3085**	.3050	.3015	.2981	.2946	**.2912**	.2877	.2843	.2810	.2776
0.6*	**.2743**	.2709	.2676	.2643	.2611	**.2578**	.2546	.2514	.2483	.2451
0.7*	**.2420**	.2389	.2358	.2327	.2296	**.2266**	.2236	.2206	.2177	.2148
0.8*	**.2119**	.2090	.2061	.2033	.2005	**.1977**	.1949	.1922	.1894	.1867
0.9*	**.1841**	.1814	.1788	.1762	.1736	**.1711**	.1685	.1660	.1635	.1611
1.0*	**.1587**	.1562	.1539	.1515	.1492	**.1469**	.1446	.1423	.1401	.1379
1.1*	**.1357**	.1335	.1314	.1292	.1271	**.1251**	.1230	.1210	.1190	.1170
1.2*	**.1151**	.1131	.1112	.1093	.1075	**.1056**	.1038	.1020	.1003	.0985
1.3*	**.0968**	.0951	.0934	.0918	.0901	**.0885**	.0869	.0853	.0838	.0823
1.4*	**.0808**	.0793	.0778	.0764	.0749	**.0735**	.0721	.0708	.0694	.0681
1.5*	**.0668**	.0655	.0643	.0630	.0618	**.0606**	.0594	.0582	.0571	.0559
1.6*	**.0548**	.0537	.0526	.0516	.0505	**.0495**	.0485	.0475	.0465	.0455
1.7*	**.0446**	.0436	.0427	.0418	.0409	**.0401**	.0392	.0384	.0375	.0367
1.8*	**.0359**	.0351	.0344	.0336	.0329	**.0322**	.0314	.0307	.0301	.0294
1.9*	**.0287**	.0281	.0274	.0268	.0262	**.0256**	.0250	.0244	.0239	.0233
2.0*	**.0228**	.0222	.0217	.0212	.0207	**.0202**	.0197	.0192	.0188	.0183
2.1*	**.0179**	.0174	.0170	.0166	.0162	**.0158**	.0154	.0150	.0146	.0143
2.2*	**.0139**	.0136	.0132	.0129	.0125	**.0122**	.0119	.0116	.0113	.0110
2.3*	**.0107**	.0104	.0102	.0099	.0096	**.0094**	.0091	.0089	.0087	.0084
2.4*	**.0082**	.0080	.0078	.0075	.0073	**.0071**	.0069	.0068	.0066	.0064
2.5*	**.0062**	.0060	.0059	.0057	.0055	**.0054**	.0052	.0051	.0049	.0048
2.6*	**.0047**	.0045	.0044	.0043	.0041	**.0040**	.0039	.0038	.0037	.0036
2.7*	**.0035**	.0034	.0033	.0032	.0031	**.0030**	.0029	.0028	.0027	.0026
2.8*	**.0026**	.0025	.0024	.0023	.0023	**.0022**	.0021	.0021	.0020	.0019
2.9*	**.0019**	.0018	.0018	.0017	.0016	**.0016**	.0015	.0015	.0014	.0014
3.0*	**.0013**	.0013	.0013	.0012	.0012	**.0011**	.0011	.0011	.0010	.0010
3.5	**.2326E-3**									
4.0	**.3167E-4**									
4.5	**.3398E-5**									
5.0	**.2867E-6**									
5.5	**.1899E-7**									

（II）　P から K_P を求める表

P	*=0	1	2	3	4	**5**	6	7	8	9
0.00*	∞	3.090	2.878	2.748	2.652	**2.576**	2.512	2.457	2.409	2.366
0.0*	∞	2.326	2.054	1.881	1.751	**1.645**	1.555	1.476	1.405	1.341
0.1*	**1.282**	1.227	1.175	1.126	1.080	**1.036**	.994	.954	.915	.878
0.2*	**.842**	.806	.772	.739	.706	**.674**	.643	.613	.583	.553
0.3*	**.524**	.496	.468	.440	.412	**.385**	.358	.332	.305	.279
0.4*	**.253**	.228	.202	.176	.151	**.126**	.100	.075	.050	.025

付表2　t 表

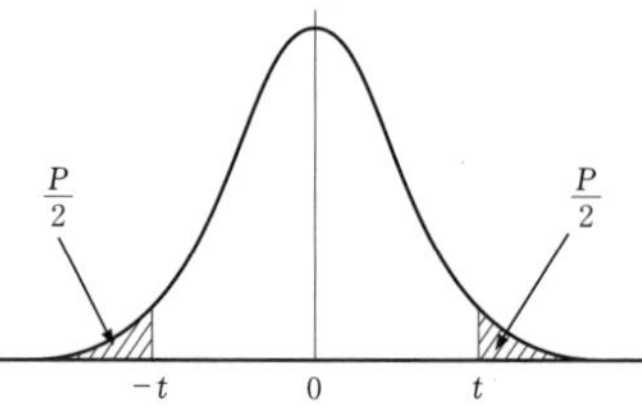

自由度 ϕ と両側確率 P とから t を求める表

ϕ ＼ P	0.50	0.40	0.30	0.20	0.10	**0.05**	0.02	**0.01**	0.001	P ／ ϕ
1	1.000	1.376	1.963	3.078	6.314	**12.706**	31.821	**63.657**	636.619	1
2	0.816	1.061	1.386	1.886	2.920	**4.303**	6.965	**9.925**	31.599	2
3	0.765	0.978	1.250	1.638	2.353	**3.182**	4.541	**5.841**	12.924	3
4	0.741	0.941	1.190	1.533	2.132	**2.776**	3.747	**4.604**	8.610	4
5	0.727	0.920	1.156	1.476	2.015	**2.571**	3.365	**4.032**	6.869	5
6	0.718	0.906	1.134	1.440	1.943	**2.447**	3.143	**3.707**	5.959	6
7	0.711	0.896	1.119	1.415	1.895	**2.365**	2.998	**3.499**	5.408	7
8	0.706	0.889	1.108	1.397	1.860	**2.306**	2.896	**3.355**	5.041	8
9	0.703	0.883	1.100	1.383	1.833	**2.262**	2.821	**3.250**	4.781	9
10	0.700	0.879	1.093	1.372	1.812	**2.228**	2.764	**3.169**	4.587	10
11	0.697	0.876	1.088	1.363	1.796	**2.201**	2.718	**3.106**	4.437	11
12	0.695	0.873	1.083	1.356	1.782	**2.179**	2.681	**3.055**	4.318	12
13	0.694	0.870	1.079	1.350	1.771	**2.160**	2.650	**3.012**	4.221	13
14	0.692	0.868	1.076	1.345	1.761	**2.145**	2.624	**2.977**	4.140	14
15	0.691	0.866	1.074	1.341	1.753	**2.131**	2.602	**2.947**	4.073	15
16	0.690	0.865	1.071	1.337	1.746	**2.120**	2.583	**2.921**	4.015	16
17	0.689	0.863	1.069	1.333	1.740	**2.110**	2.567	**2.898**	3.965	17
18	0.688	0.862	1.067	1.330	1.734	**2.101**	2.552	**2.878**	3.922	18
19	0.688	0.861	1.066	1.328	1.729	**2.093**	2.539	**2.861**	3.883	19
20	0.687	0.860	1.064	1.325	1.725	**2.086**	2.528	**2.845**	3.850	20
21	0.686	0.859	1.063	1.323	1.721	**2.080**	2.518	**2.831**	3.819	21
22	0.686	0.858	1.061	1.321	1.717	**2.074**	2.508	**2.819**	3.792	22
23	0.685	0.858	1.060	1.319	1.714	**2.069**	2.500	**2.807**	3.768	23
24	0.685	0.857	1.059	1.318	1.711	**2.064**	2.492	**2.797**	3.745	24
25	0.684	0.856	1.058	1.316	1.708	**2.060**	2.485	**2.787**	3.725	25
26	0.684	0.856	1.058	1.315	1.706	**2.056**	2.479	**2.779**	3.707	26
27	0.684	0.855	1.057	1.314	1.703	**2.052**	2.473	**2.771**	3.690	27
28	0.683	0.855	1.056	1.313	1.701	**2.048**	2.467	**2.763**	3.674	28
29	0.683	0.854	1.055	1.311	1.699	**2.045**	2.462	**2.756**	3.659	29
30	0.683	0.854	1.055	1.310	1.697	**2.042**	2.457	**2.750**	3.646	30
40	0.681	0.851	1.050	1.303	1.684	**2.021**	2.423	**2.704**	3.551	40
60	0.679	0.848	1.046	1.296	1.671	**2.000**	2.390	**2.660**	3.460	60
120	0.677	0.845	1.041	1.289	1.658	**1.980**	2.358	**2.617**	3.373	120
∞	0.674	0.842	1.036	1.282	1.645	**1.960**	2.326	**2.576**	3.291	∞

例：$\phi = 10$ の両側 5%点（$P = 0.05$）に対する t の値は 2.228 である.

付表 3　χ^2 表

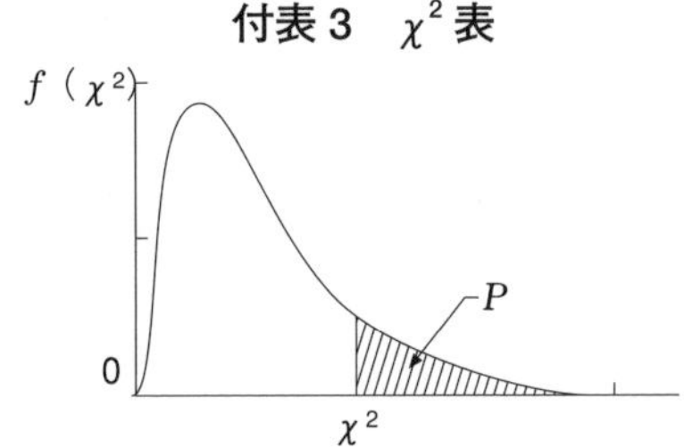

自由度ϕと上側確率Pとからχ^2を求める表

ϕ \ P	.995	.99	.975	.95	.90	.75	.50	.25	.10	.05	.025	.01	.005	P / ϕ
1	0.0^4393	0.0^3157	0.0^3982	0.0^2393	0.0158	0.102	0.455	1.323	2.71.	3.84	5.02	6.63	7.88	1
2	0.0100	0.0201	0.0506	0.103	0.211	0.575	1.386	2.77	4.61	5.99	7.38	9.21	10.60	2
3	0.0717	0.115	0.216	0.352	0.584	1.213	2.37	4.11	6.25	7.81	9.35	11.34	12.84	3
4	0.207	0.297	0.484	0.711	1.064	1.923	3.36	5.39	7.78	9.49	11.14	13.28	14.86	4
5	0.412	0.544	0.831	1.145	1.610	2.67	4.35	6.63	9.24	11.07	12.83	15.09	16.75	5
6	0.676	0.872	1.237	1.635	2.20	3.45	5.35	7.84	10.64	12.59	14.45	16.81	18.55	6
7	0.989	1.239	1.690	2.17	2.83	4.25	6.35	9.04	12.02	14.07	16.01	18.48	20.3	7
8	1.344	1.646	2.18	2.73	3.49	5.07	7.34	10.22	13.36	15.51	17.53	20.1	22.0	8
9	1.735	2.09	2.70	3.33	4.17	5.90	8.34	11.39	14.68	16.92	19.02	21.7	23.6	9
10	2.16	2.56	3.25	3.94	4.87	6.74	9.34	12.55	15.99	18.31	20.5	23.2	25.2	10
11	2.60	3.05	3.82	4.57	5.58	7.58	10.34	13.70	17.28	19.68	21.9	24.7	26.8	11
12	3.07	3.57	4.40	5.23	6.30	8.44	11.34	14.85	18.55	21.0	23.3	26.2	28.3	12
13	3.57	4.11	5.01	5.89	7.04	9.30	12.34	15.98	19.81	22.4	24.7	27.7	29.8	13
14	4.07	4.66	5.63	6.57	7.79	10.17	13.34	17.12	21.1	23.7	26.1	29.1	31.3	14
15	4.60	5.23	6.26	7.26	8.55	11.04	14.34	18.25	22.3	25.0	27.5	30.6	32.8	15
16	5.14	5.81	6.91	7.96	9.31	11.91	15.34	19.37	23.5	26.3	28.8	32.0	34.3	16
17	5.70	6.41	7.56	8.67	10.09	12.79	16.34	20.5	24.8	27.6	30.2	33.4	35.7	17
18	6.26	7.01	8.23	9.39	10.86	13.68	17.34	21.6	26.0	28.9	31.5	34.8	37.2	18
19	6.84	7.63	8.91	10.12	11.65	14.56	18.34	22.7	27.2	30.1	32.9	36.2	38.6	19
20	.7.43	8.26	9.59.	10.85	12.44	15.45	19.34	23.8	28.4	31.4	34.2	37.6	40.0	20
21	8.03	8.90	10.28	11.59	13.24	16.34	20.3	24.9	29.6	32.7	35.5	38.9	41.4	21
22	8.64	9.54	10.98	12.34	14.04	17.24	21.3	26.0	30.8	33.9	36.8	40.3	42.8	22
23	9.26	10.20	11.69	13.09	14.85	18.14	22.3	27.1	32.0	35.2	38.1	41.6	44.2	23
24	9.89	10.86	12.40	13.85	15.66	19.04	23.3	28.2	33.2	36.4	39.4	43.0	45.6	24
25	10.52	11.52	13.12	14.61	16.47	19.94	24.3	29.3	34.4	37.7	40.6	44.3	46.9	25
26	11.16	12.20	13.84	15.38	17.29	20.8	25.3	30.4	35.6	38.9	41.9	45.6	48.3	26
27	11.81	12.88	14.57	16.15	18.11	21.7	26.3	31.5	36.7	40.1	43.2	47.0	49.6	27
28	12.46	13.56	15.31	16.93	18.94	22.7	27.3	32.6	37.9	41.3	44.5	48.3	51.0	28
29	13.12	14.26	16.05	17.71	19.77	23.6	28.3	33.7	39.1	42.6	45.7	49.6	52.3	29
30	13.79	14.95	16.79	18.49	20.6	24.5	29.3	34.8	40.3	43.8	47.0	50.9	53.7	30
40	20.7	22.2	24.4	26.5	29.1	33.7	39.3	45.6	51.8	55.8	59.3	63.7	66.8	40
50	28.0	29.7	32.4	34.8	37.7	42.9	49.3	56.3	63.2	67.5	71.4	76.2	79.5	50
60	35.5	37.5	40.5	43.2	46.5	52.3	59.3	67.0	74.4	79.1	83.3	88.4	92.0	60
70	43.3	45.4	48.8	51.7	55.3	61.7	69.3	77.6	85.5	90.5	95.0	100.4	104.2	70
80	51.2	53.5	57.2	60.4	64.3	71.1	79.3	88.1	96.6	101.9	106.6	112.3	116.3	80
90	59.2	61.8	65.6	69.1	73.3	80.6	89.3	98.6	107.6	113.1	118.1	124.1	128.3	90
100	67.3	70..1	74.2	77.9	82.4	90.1	99.3	109.1	118.5	124.3	129.6	135.9	140.2	100

付表 4　F 表(0.025)

$F(\phi_1,\ \phi_2;\ \alpha)$　$\alpha=0.025$
ϕ_1 =分子の自由度　ϕ_2 =分母の自由度

ϕ_2 \ ϕ_1	1	2	3	4	5	6	7	8	9	10	12	15	20	24	30	40	60	120	∞	ϕ_1 / ϕ_2
1	648.	800.	864.	900.	922.	937.	948.	957.	963.	969.	977.	985.	993.	997.	1001.	1006.	1010.	1014.	1018.	1
2	38.5	39.0	39.2	39.2	39.3	39.3	39.4	39.4	39.4	39.4	39.4	39.4	39.4	39.5	39.5	39.5	39.5	39.5	39.5	2
3	17.4	16.0	15.4	15.1	14.9	14.7	14.6	14.5	14.5	14.4	14.3	14.3	14.2	14.1	14.1	14.0	14.0	13.9	13.9	3
4	12.2	10.6	9.98	9.60	9.36	9.20	9.07	8.98	8.90	8.84	8.75	8.66	8.56	8.51	8.46	8.41	8.36	8.31	8.26	4
5	10.0	8.43	7.76	7.39	7.15	6.98	6.85	6.76	6.68	6.62	6.52	6.43	6.33	6.28	6.23	6.18	6.12	6.07	6.02	5
6	8.81	7.26	6.60	6.23	5.99	5.82	5.70	5.60	5.52	5.46	5.37	5.27	5.17	5.12	5.07	5.01	4.96	4.90	4.85	6
7	8.07	6.54	5.89	5.52	5.29	5.12	4.99	4.90	4.82	4.76	4.67	4.57	4.47	4.42	4.36	4.31	4.25	4.20	4.14	7
8	7.57	6.06	5.42	5.05	4.82	4.65	4.53	4.43	4.36	4.30	4.20	4.10	4.00	3.95	3.89	3.84	3.78	3.73	3.67	8
9	7.21	5.71	5.08	4.72	4.48	4.32	4.20	4.10	4.03	3.96	3.87	3.77	3.67	3.61	3.56	3.51	3.45	3.39	3.33	9
10	6.94	5.46	4.83	4.47	4.24	4.07	3.95	3.85	3.78	3.72	3.62	3.52	3.42	3.37	3.31	3.26	3.20	3.14	3.08	10
11	6.72	5.26	4.63	4.28	4.04	3.88	3.76	3.66	3.59	3.53	3.43	3.33	3.23	3.17	3.12	3.06	3.00	2.94	2.88	11
12	6.55	5.10	4.47	4.12	3.89	3.73	3.61	3.51	3.44	3.37	3.28	3.18	3.07	3.02	2.96	2.91	2.85	2.79	2.72	12
13	6.41	4.97	4.35	4.00	3.77	3.60	3.48	3.39	3.31	3.25	3.15	3.05	2.95	2.89	2.84	2.78	2.72	2.66	2.60	13
14	6.30	4.86	4.24	3.89	3.66	3.50	3.38	3.29	3.21	3.15	3.05	2.95	2.84	2.79	2.73	2.67	2.61	2.55	2.49	14
15	6.20	4.77	4.15	3.80	3.58	3.41	3.29	3.20	3.12	3.06	2.96	2.86	2.76	2.70	2.64	2.59	2.52	2.46	2.40	15
16	6.12	4.69	4.08	3.73	3.50	3.34	3.22	3.12	3.05	2.99	2.89	2.79	2.68	2.63	2.57	2.51	2.45	2.38	2.32	16
17	6.04	4.62	4.01	3.66	3.44	3.28	3.16	3.06	2.98	2.92	2.82	2.72	2.62	2.56	2.50	2.44	2.38	2.32	2.25	17
18	5.98	4.56	3.95	3.61	3.38	3.22	3.10	3.01	2.93	2.87	2.77	2.67	2.56	2.50	2.44	2.38	2.32	2.26	2.19	18
19	5.92	4.51	3.90	3.56	3.33	3.17	3.05	2.96	2.88	2.82	2.72	2.62	2.51	2.45	2.39	2.33	2.27	2.20	2.13	19
20	5.87	4.46	3.86	3.51	3.29	3.13	3.01	2.91	2.84	2.77	2.68	2.57	2.46	2.41	2.35	2.29	2.22	2.16	2.09	20
21	5.83	4.42	3.82	3.48	3.25	3.09	2.97	2.87	2.80	2.73	2.64	2.53	2.42	2.37	2.31	2.25	2.18	2.11	2.04	21
22	5.79	4.38	3.78	3.44	3.22	3.05	2.93	2.84	2.76	2.70	2.60	2.50	2.39	2.33	2.27	2.21	2.14	2.08	2.00	22
23	5.75	4.35	3.75	3.41	3.18	3.02	2.90	2.81	2.73	2.67	2.57	2.47	2.36	2.30	2.24	2.18	2.11	2.04	1.97	23
24	5.72	4.32	3.72	3.38	3.15	2.99	2.87	2.78	2.70	2.64	2.54	2.44	2.33	2.27	2.21	2.15	2.08	2.01	1.94	24
25	5.69	4.29	3.69	3.35	3.13	2.97	2.85	2.75	2.68	2.61	2.51	2.41	2.30	2.24	2.18	2.12	2.05	1.98	1.91	25
26	5.66	4.27	3.67	3.33	3.10	2.94	2.82	2.73	2.65	2.59	2.49	2.39	2.28	2.22	2.16	2.09	2.03	1.95	1.88	26
27	5.63	4.24	3.65	3.31	3.08	2.92	2.80	2.71	2.63	2.57	2.47	2.36	2.25	2.19	2.13	2.07	2.00	1.93	1.85	27
28	5.61	4.22	3.63	3.29	3.06	2.90	2.78	2.69	2.61	2.55	2.45	2.34	2.23	2.17	2.11	2.05	1.98	1.91	1.83	28
29	5.59	4.20	3.61	3.27	3.04	2.88	2.76	2.67	2.59	2.53	2.43	2.32	2.21	2.15	2.09	2.03	1.96	1.89	1.81	29
30	5.57	4.18	3.59	3.25	3.03	2.87	2.75	2.65	2.57	2.51	2.41	2.31	2.20	2.14	2.07	2.01	1.94	1.87	1.79	30
40	5.42	4.05	3.46	3.13	2.90	2.74	2.62	2.53	2.45	2.39	2.29	2.18	2.07	2.01	1.94	1.88	1.80	1.72	1.64	40
60	5.29	3.93	3.34	3.01	2.79	2.63	2.51	2.41	2.33	2.27	2.17	2.06	1.94	1.88	1.82	1.74	1.67	1.58	1.48	60
120	5.15	3.80	3.23	2.89	2.67	2.52	2.39	2.30	2.22	2.16	2.05	1.94	1.82	1.76	1.69	1.61	1.53	1.43	1.31	120
∞	5.02	3.69	3.12	2.79	2.57	2.41	2.29	2.19	2.11	2.05	1.94	1.83	1.71	1.64	1.57	1.48	1.39	1.27	1.00	∞
ϕ_2 / ϕ_1	1	2	3	4	5	6	7	8	9	10	12	15	20	24	30	40	60	120	∞	ϕ_1 \ ϕ_2

例：$\phi_1=5$，$\phi_2=10$の$F(\phi_1,\ \phi_2;\ 0.025)$の値は，$\phi_1=5$の列と$\phi_2=10$の行の交わる点の値4.24で与えられる．

付表 5　F 表(0.05，0.01)

$F(\phi_1,\ \phi_2;\ \alpha)$　$\alpha=0.05$(細字)　$\alpha=$**0.01**(太字)
$\phi_1=$分子の自由度　$\phi_2=$分母の自由度

ϕ_2 \ ϕ_1	1	2	3	4	5	6	7	8	9	10	12	15	20	24	30	40	60	120	∞
1	161.	200.	216.	225.	230.	234.	237.	239.	241.	242.	244.	246.	248.	249.	250.	251.	252.	253.	254.
	4052.	**5000.**	**5403.**	**5625.**	**5764.**	**5859.**	**5928.**	**5981.**	**6022.**	**6056.**	**6106.**	**6157.**	**6209.**	**6235.**	**6261.**	**6287.**	**6313.**	**6339.**	**6366.**
2	18.5	19.0	19.2	19.2	19.3	19.3	19.4	19.4	19.4	19.4	19.4	19.4	19.4	19.5	19.5	19.5	19.5	19.5	19.5
	98.5	**99.0**	**99.2**	**99.2**	**99.3**	**99.3**	**99.4**	**99.4**	**99.4**	**99.4**	**99.4**	**99.4**	**99.4**	**99.5**	**99.5**	**99.5**	**99.5**	**99.5**	**99.5**
3	10.1	9.55	9.28	9.12	9.01	8.94	8.89	8.85	8.81	8.79	8.74	8.70	8.66	8.64	8.62	8.59	8.57	8.55	8.53
	34.1	**30.8**	**29.5**	**28.7**	**28.2**	**27.9**	**27.7**	**27.5**	**27.3**	**27.2**	**27.1**	**26.9**	**26.7**	**26.6**	**26.5**	**26.4**	**26.3**	**26.2**	**26.1**
4	7.71	6.94	6.59	6.39	6.26	6.16	6.09	6.04	6.00	5.96	5.91	5.86	5.80	5.77	5.75	5.72	5.69	5.66	5.63
	21.2	**18.0**	**16.7**	**16.0**	**15.5**	**15.2**	**15.0**	**14.8**	**14.7**	**14.5**	**14.4**	**14.2**	**14.0**	**13.9**	**13.8**	**13.7**	**13.7**	**13.6**	**13.5**
5	6.61	5.79	5.41	5.19	5.05	4.95	4.88	4.82	4.77	4.74	4.68	4.62	4.56	4.53	4.50	4.46	4.43	4.40	4.36
	16.3	**13.3**	**12.1**	**11.4**	**11.0**	**10.7**	**10.5**	**10.3**	**10.2**	**10.1**	**9.89**	**9.72**	**9.55**	**9.47**	**9.38**	**9.29**	**9.20**	**9.11**	**9.02**
6	5.99	5.14	4.76	4.53	4.39	4.28	4.21	4.15	4.10	4.06	4.00	3.94	3.87	3.84	3.81	3.77	3.74	3.70	3.67
	13.7	**10.9**	**9.78**	**9.15**	**8.75**	**8.47**	**8.26**	**8.10**	**7.98**	**7.87**	**7.72**	**7.56**	**7.40**	**7.31**	**7.23**	**7.14**	**7.06**	**6.97**	**6.88**
7	5.59	4.74	4.35	4.12	3.97	3.87	3.79	3.73	3.68	3.64	3.57	3.51	3.44	3.41	3.38	3.34	3.30	3.27	3.23
	12.2	**9.55**	**8.45**	**7.85**	**7.46**	**7.19**	**6.99**	**6.84**	**6.72**	**6.62**	**6.47**	**6.31**	**6.16**	**6.07**	**5.99**	**5.91**	**5.82**	**5.74**	**5.65**
8	5.32	4.46	4.07	3.84	3.69	3.58	3.50	3.44	3.39	3.35	3.28	3.22	3.15	3.12	3.08	3.04	3.01	2.97	2.93
	11.3	**8.65**	**7.59**	**7.01**	**6.63**	**6.37**	**6.18**	**6.03**	**5.91**	**5.81**	**5.67**	**5.52**	**5.36**	**5.28**	**5.20**	**5.12**	**5.03**	**4.95**	**4.86**
9	5.12	4.26	3.86	3.63	3.48	3.37	3.29	3.23	3.18	3.14	3.07	3.01	2.94	2.90	2.86	2.83	2.79	2.75	2.71
	10.6	**8.02**	**6.99**	**6.42**	**6.06**	**5.80**	**5.61**	**5.47**	**5.35**	**5.26**	**5.11**	**4.96**	**4.81**	**4.73**	**4.65**	**4.57**	**4.48**	**4.40**	**4.31**
10	4.96	4.10	3.71	3.48	3.33	3.22	3.14	3.07	3.02	2.98	2.91	2.85	2.77	2.74	2.70	2.66	2.62	2.58	2.54
	10.0	**7.56**	**6.55**	**5.99**	**5.64**	**5.39**	**5.20**	**5.06**	**4.94**	**4.85**	**4.71**	**4.56**	**4.41**	**4.33**	**4.25**	**4.17**	**4.08**	**4.00**	**3.91**
11	4.84	3.98	3.59	3.36	3.20	3.09	3.01	2.95	2.90	2.85	2.79	2.72	2.65	2.61	2.57	2.53	2.49	2.45	2.40
	9.65	**7.21**	**6.22**	**5.67**	**5.32**	**5.07**	**4.89**	**4.74**	**4.63**	**4.54**	**4.40**	**4.25**	**4.10**	**4.02**	**3.94**	**3.86**	**3.78**	**3.69**	**3.60**
12	4.75	3.89	3.49	3.26	3.11	3.00	2.91	2.85	2.80	2.75	2.69	2.62	2.54	2.51	2.47	2.43	2.38	2.34	2.30
	9.33	**6.93**	**5.95**	**5.41**	**5.06**	**4.82**	**4.64**	**4.50**	**4.39**	**4.30**	**4.16**	**4.01**	**3.86**	**3.78**	**3.70**	**3.62**	**3.54**	**3.45**	**3.36**
13	4.67	3.81	3.41	3.18	3.03	2.92	2.83	2.77	2.71	2.67	2.60	2.53	2.46	2.42	2.38	2.34	2.30	2.25	2.21
	9.07	**6.70**	**5.74**	**5.21**	**4.86**	**4.62**	**4.44**	**4.30**	**4.19**	**4.10**	**3.96**	**3.82**	**3.66**	**3.59**	**3.51**	**3.43**	**3.34**	**3.25**	**3.17**
14	4.60	3.74	3.34	3.11	2.96	2.85	2.76	2.70	2.65	2.60	2.53	2.46	2.39	2.35	2.31	2.27	2.22	2.18	2.13
	8.86	**6.51**	**5.56**	**5.04**	**4.69**	**4.46**	**4.28**	**4.14**	**4.03**	**3.94**	**3.80**	**3.66**	**3.51**	**3.43**	**3.35**	**3.27**	**3.18**	**3.09**	**3.00**
15	4.54	3.68	3.29	3.06	2.90	2.79	2.71	2.64	2.59	2.54	2.48	2.40	2.33	2.29	2.25	2.20	2.16	2.11	2.07
	8.68	**6.36**	**5.42**	**4.89**	**4.56**	**4.32**	**4.14**	**4.00**	**3.89**	**3.80**	**3.67**	**3.52**	**3.37**	**3.29**	**3.21**	**3.13**	**3.05**	**2.96**	**2.87**
ϕ_2 \ ϕ_1	1	2	3	4	5	6	7	8	9	10	12	15	20	24	30	40	60	120	∞

例　$\phi_1=5$，$\phi_2=10$に対する$F(\phi_1,\ \phi_2;\ 0.05)$の値は，$\phi_1=5$の列と$\phi_2=10$の行の交わる点の上段の値(細字)3.33で与えられる．

付表 5（つづき）

ϕ_2 \ ϕ_1	1	2	3	4	5	6	7	8	9	10	12	15	20	24	30	40	60	120	∞	ϕ_1 / ϕ_2
16	4.49	3.63	3.24	3.01	2.85	2.74	2.66	2.59	2.54	2.49	2.42	2.35	2.28	2.24	2.19	2.15	2.11	2.06	2.01	16
	8.53	**6.23**	**5.29**	**4.77**	**4.44**	**4.20**	**4.03**	**3.89**	**3.78**	**3.69**	**3.55**	**3.41**	**3.26**	**3.18**	**3.10**	**3.02**	**2.93**	**2.84**	**2.75**	
17	4.45	3.59	3.20	2.96	2.81	2.70	2.61	2.55	2.49	2.45	2.38	2.31	2.23	2.19	2.15	2.10	2.06	2.01	1.96	17
	8.40	**6.11**	**5.18**	**4.67**	**4.34**	**4.10**	**3.93**	**3.79**	**3.68**	**3.59**	**3.46**	**3.31**	**3.16**	**3.08**	**3.00**	**2.92**	**2.83**	**2.75**	**2.65**	
18	4.41	3.55	3.16	2.93	2.77	2.66	2.58	2.51	2.46	2.41	2.34	2.27	2.19	2.15	2.11	2.06	2.02	1.97	1.92	18
	8.29	**6.01**	**5.09**	**4.58**	**4.25**	**4.01**	**3.84**	**3.71**	**3.60**	**3.51**	**3.37**	**3.23**	**3.08**	**3.00**	**2.92**	**2.84**	**2.75**	**2.66**	**2.57**	
19	4.38	3.52	3.13	2.90	2.74	2.63	2.54	2.48	2.42	2.38	2.31	2.23	2.16	2.11	2.07	2.03	1.98	1.93	1.88	19
	8.18	**5.93**	**5.01**	**4.50**	**4.17**	**3.94**	**3.77**	**3.63**	**3.52**	**3.43**	**3.30**	**3.15**	**3.00**	**2.92**	**2.84**	**2.76**	**2.67**	**2.58**	**2.49**	
20	4.35	3.49	3.10	2.87	2.71	2.60	2.51	2.45	2.39	2.35	2.28	2.20	2.12	2.08	2.04	1.99	1.95	1.90	1.84	20
	8.10	**5.85**	**4.94**	**4.43**	**4.10**	**3.87**	**3.70**	**3.56**	**3.46**	**3.37**	**3.23**	**3.09**	**2.94**	**2.86**	**2.78**	**2.69**	**2.61**	**2.52**	**2.42**	
21	4.32	3.47	3.07	2.84	2.68	2.57	2.49	2.42	2.37	2.32	2.25	2.18	2.10	2.05	2.01	1.96	1.92	1.87	1.81	21
	8.02	**5.78**	**4.87**	**4.37**	**4.04**	**3.81**	**3.64**	**3.51**	**3.40**	**3.31**	**3.17**	**3.03**	**2.88**	**2.80**	**2.72**	**2.64**	**2.55**	**2.46**	**2.36**	
22	4.30	3.44	3.05	2.82	2.66	2.55	2.46	2.40	2.34	2.30	2.23	2.15	2.07	2.03	1.98	1.94	1.89	1.84	1.78	22
	7.95	**5.72**	**4.82**	**4.31**	**3.99**	**3.76**	**3.59**	**3.45**	**3.35**	**3.26**	**3.12**	**2.98**	**2.83**	**2.75**	**2.67**	**2.58**	**2.50**	**2.40**	**2.31**	
23	4.28	3.42	3.03	2.80	2.64	2.53	2.44	2.37	2.32	2.27	2.20	2.13	2.05	2.01	1.96	1.91	1.86	1.81	1.76	23
	7.88	**5.66**	**4.76**	**4.26**	**3.94**	**3.71**	**3.54**	**3.41**	**3.30**	**3.21**	**3.07**	**2.93**	**2.78**	**2.70**	**2.62**	**2.54**	**2.45**	**2.35**	**2.26**	
24	4.26	3.40	3.01	2.78	2.62	2.51	2.42	2.36	2.30	2.25	2.18	2.11	2.03	1.98	1.94	1.89	1.84	1.79	1.73	24
	7.82	**5.61**	**4.72**	**4.22**	**3.90**	**3.67**	**3.50**	**3.36**	**3.26**	**3.17**	**3.03**	**2.89**	**2.74**	**2.66**	**2.58**	**2.49**	**2.40**	**2.31**	**2.21**	
25	4.24	3.39	2.99	2.76	2.60	2.49	2.40	2.34	2.28	2.24	2.16	2.09	2.01	1.96	1.92	1.87	1.82	1.77	1.71	25
	7.77	**5.57**	**4.68**	**4.18**	**3.85**	**3.63**	**3.46**	**3.32**	**3.22**	**3.13**	**2.99**	**2.85**	**2.70**	**2.62**	**2.54**	**2.45**	**2.36**	**2.27**	**2.17**	
26	4.23	3.37	2.98	2.74	2.59	2.47	2.39	2.32	2.27	2.22	2.15	2.07	1.99	1.95	1.90	1.85	1.80	1.75	1.69	26
	7.72	**5.53**	**4.64**	**4.14**	**3.82**	**3.59**	**3.42**	**3.29**	**3.18**	**3.09**	**2.96**	**2.81**	**2.66**	**2.58**	**2.50**	**2.42**	**2.33**	**2.23**	**2.13**	
27	4.21	3.35	2.96	2.73	2.57	2.46	2.37	2.31	2.25	2.20	2.13	2.06	1.97	1.93	1.88	1.84	1.79	1.73	1.67	27
	7.68	**5.49**	**4.60**	**4.11**	**3.78**	**3.56**	**3.39**	**3.26**	**3.15**	**3.06**	**2.93**	**2.78**	**2.63**	**2.55**	**2.47**	**2.38**	**2.29**	**2.20**	**2.10**	
28	4.20	3.34	2.95	2.71	2.56	2.45	2.36	2.29	2.24	2.19	2.12	2.04	1.96	1.91	1.87	1.82	1.77	1.71	1.65	28
	7.64	**5.45**	**4.57**	**4.07**	**3.75**	**3.53**	**3.36**	**3.23**	**3.12**	**3.03**	**2.90**	**2.75**	**2.60**	**2.52**	**2.44**	**2.35**	**2.26**	**2.17**	**2.06**	
29	4.18	3.33	2.93	2.70	2.55	2.43	2.35	2.28	2.22	2.18	2.10	2.03	1.94	1.90	1.85	1.81	1.75	1.70	1.64	29
	7.60	**5.42**	**4.54**	**4.04**	**3.73**	**3.50**	**3.33**	**3.20**	**3.09**	**3.00**	**2.87**	**2.73**	**2.57**	**2.49**	**2.41**	**2.33**	**2.23**	**2.14**	**2.03**	
30	4.17	3.32	2.92	2.69	2.53	2.42	2.33	2.27	2.21	2.16	2.09	2.01	1.93	1.89	1.84	1.79	1.74	1.68	1.62	30
	7.56	**5.39**	**4.51**	**4.02**	**3.70**	**3.47**	**3.30**	**3.17**	**3.07**	**2.98**	**2.84**	**2.70**	**2.55**	**2.47**	**2.39**	**2.30**	**2.21**	**2.11**	**2.01**	
40	4.08	3.23	2.84	2.61	2.45	2.34	2.25	2.18	2.12	2.08	2.00	1.92	1.84	1.79	1.74	1.69	1.64	1.58	1.51	40
	7.31	**5.18**	**4.31**	**3.83**	**3.51**	**3.29**	**3.12**	**2.99**	**2.89**	**2.80**	**2.66**	**2.52**	**2.37**	**2.29**	**2.20**	**2.11**	**2.02**	**1.92**	**1.80**	
60	4.00	3.15	2.76	2.53	2.37	2.25	2.17	2.10	2.04	1.99	1.92	1.84	1.75	1.70	1.65	1.59	1.53	1.47	1.39	60
	7.08	**4.98**	**4.13**	**3.65**	**3.34**	**3.12**	**2.95**	**2.82**	**2.72**	**2.63**	**2.50**	**2.35**	**2.20**	**2.12**	**2.03**	**1.94**	**1.84**	**1.73**	**1.60**	
120	3.92	3.07	2.68	2.45	2.29	2.18	2.09	2.02	1.96	1.91	1.83	1.75	1.66	1.61	1.55	1.50	1.43	1.35	1.25	120
	6.85	**4.79**	**3.95**	**3.48**	**3.17**	**2.96**	**2.79**	**2.66**	**2.56**	**2.47**	**2.34**	**2.19**	**2.03**	**1.95**	**1.86**	**1.76**	**1.66**	**1.53**	**1.38**	
∞	3.84	3.00	2.60	2.37	2.21	2.10	2.01	1.94	1.88	1.83	1.75	1.67	1.57	1.52	1.46	1.39	1.32	1.22	1.00	∞
	6.63	**4.61**	**3.78**	**3.32**	**3.02**	**2.80**	**2.64**	**2.51**	**2.41**	**2.32**	**2.18**	**2.04**	**1.88**	**1.79**	**1.70**	**1.59**	**1.47**	**1.32**	**1.00**	
ϕ_2 / ϕ_1	1	2	3	4	5	6	7	8	9	10	12	15	20	24	30	40	60	120	∞	ϕ_1 \ ϕ_2

注　$\phi > 30$ で，表にない F の値を求める場合には，$120/\phi$ を用いる 1 次補間により求める．

付表6　r 表

ϕ, $P \to r$

$$P = 2\int_r^1 \frac{(1-x^2)^{\frac{\phi}{2}-1}dx}{B\left(\frac{\phi}{2}, \frac{1}{2}\right)}$$

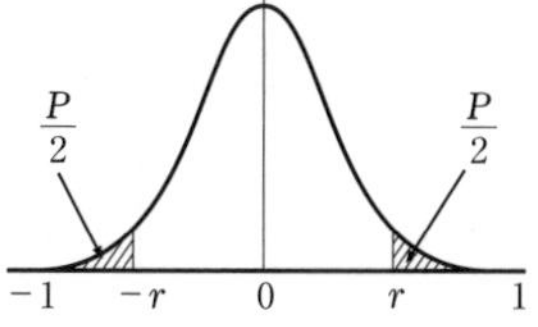

（自由度 ϕ の r の両側確率 P の点）

ϕ ＼ P	0·10	0·05	0·02	0·01
10	·4973	·5760	·6581	·7079
11	·4762	·5529	·6339	·6835
12	·4575	·5324	·6120	·6614
13	·4409	·5140	·5923	·6411
14	·4259	·4973	·5742	·6226
15	·4124	·4821	·5577	·6055
16	·4000	·4683	·5425	·5897
17	·3887	·4555	·5285	·5751
18	·3783	·4438	·5155	·5614
19	·3687	·4329	·5034	·5487
20	·3598	·4227	·4921	·5368
25	·3233	·3809	·4451	·4869
30	·2960	·3494	·4093	·4487
35	·2746	·3246	·3810	·4182
40	·2573	·3044	·3578	·3932
50	·2306	·2732	·3218	·3542
60	·2108	·2500	·2948	·3248
70	·1954	·2319	·2737	·3017
80	·1829	·2172	·2565	·2830
90	·1726	·2050	·2422	·2673
100	·1638	·1946	·2301	·2540
近似式	$\frac{1{\cdot}645}{\sqrt{\phi+1}}$	$\frac{1{\cdot}960}{\sqrt{\phi+1}}$	$\frac{2{\cdot}326}{\sqrt{\phi+2}}$	$\frac{2{\cdot}576}{\sqrt{\phi+3}}$

例　自由度 ϕ = 30 の場合の両側 5%の点は 0・3494 である.

付表 7　符号検定表

（表中の数字は少ないほうの符号の数，この数あるいはこれより少なければ有意である）

N	0.01	0.05	N	0.01	0.05	N	0.01	0.05
			36	9	11	66	22	24
			37	10	12	67	22	25
8	0	0	38	10	12	68	22	25
9	0	1	39	11	12	69	23	25
10	0	1	40	11	13	70	23	26
11	0	1	41	11	13	71	24	26
12	1	2	42	12	14	72	24	27
13	1	2	43	12	14	73	25	27
14	1	2	44	13	15	74	25	28
15	2	3	45	13	15	75	25	28
16	2	3	46	13	15	76	26	28
17	2	4	47	14	16	77	26	29
18	3	4	48	14	16	78	27	29
19	3	4	49	15	17	79	27	30
20	3	5	50	15	17	80	28	30
21	4	5	51	15	18	81	28	31
22	4	5	52	16	18	82	28	31
23	4	6	53	16	18	83	29	32
24	5	6	54	17	19	84	29	32
25	5	7	55	17	19	85	30	32
26	6	7	56	17	20	86	30	33
27	6	7	57	18	20	87	31	33
28	6	8	58	18	21	88	31	34
29	7	8	59	19	21	89	31	34
30	7	9	60	19	21	90	32	35
31	7	9	61	20	22			
32	8	9	62	20	22			
33	8	10	63	20	23			
34	9	10	64	21	23			
35	9	11	65	21	24			

（注 1）　$N = 90$ 以上では，次式で計算した数より小さい整数を用いる．

$$\{(N-1)/2\} - K\sqrt{N+1}$$

K	P_r
1.2879	0.01
0.9800	0.05

［例］　$N = 100$ では $P_r = 1\%$ のときは，

$$\frac{(100-1)}{2} - 1.2879\sqrt{100+1} = 49.5 - 1.288 \times 10.05 = 36.6$$

したがって，36 以下ならば 1%危険率で有意．

（注 2）　この表は，1/2 の割合で出るいろいろの場合に利用できる応用範囲の非常に広い表である．

（注）　相関の検定，母平均の差の検定などを，（＋）（−）の符号の数より簡易に行う方法を“符号検定”という．

出典）　日科技連 QC 入門コース・テキスト編集委員会編，『品質管理セミナー入門コース・テキスト（補訂第 5 版）』，日本科学技術連盟，2020 年

付表 8　計数規準型一回抜取検査表（JIS Z 9002：1956）

細字は n，太字は c 　　　　$\alpha \fallingdotseq 0.05$，$\beta \fallingdotseq 0.10$

p_0 (%) ＼ p_1 (%)	0.71〜0.90	0.91〜1.12	1.13〜1.40	1.41〜1.80	1.81〜2.24	2.25〜2.80	2.81〜3.55	3.56〜4.50	4.51〜5.60	5.61〜7.10	7.11〜9.00	9.01〜11.2	11.3〜14.0	14.1〜18.0	18.1〜22.4	22.5〜28.0	28.1〜35.5	p_1 (%) ／ p_0 (%)
0.090〜0.112	*	400 **1**	↓	←	↓	→	60 **0**	50 **0**	←	↓	↓	←	↓	↓	↓	↓	↓	0.090〜0.112
0.113〜0.140	*	↓	300 **1**	↓	←	↓	→	↑	40 **0**	←	↓	↓	←	↓	↓	↓	↓	0.113〜0.140
0.141〜0.180	*	500 **2**	↓	250 **1**	↓	←	↓	→	↑	30 **0**	←	↓	↓	←	↓	↓	↓	0.141〜0.180
0.181〜0.224	*	*	400 **2**	↓	200 **1**	↓	←	↓	→	↑	25 **0**	←	↓	↓	←	↓	↓	0.181〜0.224
0.225〜0.280	*	*	500 **3**	300 **2**	↓	150 **1**	↓	←	↓	→	↑	20 **0**	←	↓	↓	←	↓	0.225〜0.280
0.281〜0.355	*	*	*	400 **3**	250 **2**	↓	120 **1**	↓	←	↓	→	↑	15 **0**	←	↓	↓	←	0.281〜0.355
0.356〜0.450	*	*	*	500 **4**	300 **3**	200 **2**	↓	100 **1**	↓	←	↓	→	↑	15 **0**	←	↓	↓	0.356〜0.450
0.451〜0.560	*	*	*	*	400 **4**	250 **3**	150 **2**	↓	80 **1**	↓	←	↓	→	↑	10 **0**	←	↓	0.451〜0.560
0.561〜0.710	*	*	*	*	500 **6**	300 **4**	200 **3**	120 **2**	↓	60 **1**	↓	←	↓	→	↑	7 **0**	←	0.561〜0.710
0.711〜0.900	*	*	*	*	*	400 **6**	250 **4**	150 **3**	100 **2**	↓	50 **1**	↓	←	↓	→	↑	5 **0**	0.711〜0.900
0.901〜1.12		*	*	*	*	*	300 **6**	200 **4**	120 **3**	80 **2**	↓	40 **1**	↓	←	↓	↑	↑	0.901〜1.12
1.13〜1.40			*	*	*	*	500 **10**	250 **6**	150 **4**	100 **3**	60 **2**	↓	30 **1**	↓	←	↓	↑	1.13〜1.40
1.41〜1.80				*	*	*	*	400 **10**	200 **6**	120 **4**	80 **3**	50 **2**	↓	25 **1**	↓	←	↓	1.41〜1.80
1.81〜2.24					*	*	*	*	300 **10**	150 **6**	100 **4**	60 **3**	40 **2**	↓	20 **1**	↓	←	1.81〜2.24
2.25〜2.80						*	*	*	*	250 **10**	120 **6**	70 **4**	50 **3**	30 **2**	↓	15 **1**	↓	2.25〜2.80
2.81〜3.55							*	*	*	*	200 **10**	100 **6**	60 **4**	40 **3**	25 **2**	↓	10 **1**	2.81〜3.55
3.56〜4.50								*	*	*	*	150 **10**	80 **6**	50 **4**	30 **3**	20 **2**	↓	3.56〜4.50
4.51〜5.60									*	*	*	*	120 **10**	60 **6**	40 **4**	25 **3**	15 **2**	4.51〜5.60
5.61〜7.10										*	*	*	*	100 **10**	50 **6**	30 **4**	20 **3**	5.61〜7.10
7.11〜9.00											*	*	*	*	70 **10**	40 **6**	25 **4**	7.11〜9.00
9.01〜11.2												*	*	*	*	60 **10**	30 **6**	9.01〜11.2
p_0 (%) ／ p_1 (%)	0.71〜0.90	0.91〜1.12	1.13〜1.40	1.41〜1.80	1.81〜2.24	2.25〜2.80	2.81〜3.55	3.56〜4.50	4.51〜5.60	5.61〜7.10	7.11〜9.00	9.01〜11.2	11.3〜14.0	14.1〜18.0	18.1〜22.4	22.5〜28.0	28.1〜35.5	p_0 (%) ＼ p_1 (%)

備考　矢印はその方向の最初の欄の n，c を用いる．＊印は抜取検査設計補助表による．空欄に対しては抜取検査方式はない．

付表 9　計数規準型一回抜取検査（JIS Z 9002：1956）抜取検査設計補助表

$p_1／p_0$	c	n
17 以上	0	$2.56／p_0+115／p_1$
16　～7.9	1	$17.8／p_0+194／p_1$
7.8　～5.6	2	$40.9／p_0+266／p_1$
5.5　～4.4	3	$68.3／p_0+334／p_1$
4.3　～3.6	4	$98.5／p_0+400／p_1$
3.5　～2.8	6	$164.1／p_0+527／p_1$
2.7　～2.3	10	$308／p_0+770／p_1$
2.2　～2.0	15	$502／p_0+1065／p_1$
1.99～1.86	20	$704／p_0+1350／p_1$

（注）この表では，p_0，p_1 は%の値を用いる．

付表 10 JIS Z 9003：1979 計量規準型一回抜取検査

（標準偏差既知でロットの平均値を保証する場合
および標準偏差既知でロットの不良率を保証する場合）

m_0, m_1, をもとにしてサンプルの大きさ n と，合格判定値を計算するための係数 G_0 を求める表

（$\alpha \fallingdotseq 0.05$, $\beta \fallingdotseq 0.10$）

$\dfrac{\lvert m_1 - m_0 \rvert}{\sigma}$	n	G_0
2.069 以上	2	1.163
1.690 ～ 2.068	3	0.950
1.463 ～ 1.689	4	0.822
1.309 ～ 1.462	5	0.736
1.195 ～ 1.308	6	0.672
1.106 ～ 1.194	7	0.622
1,035 ～ 1.105	8	0.582
0.975 ～ 1.034	9	0.548
0.925 ～ 0.974	10	0.520
0.882 ～ 0.924	11	0.496
0.845 ～ 0.881	12	0.475
0.812 ～ 0.844	13	0.456
0.772 ～ 0.811	14	0.440
0.756 ～ 0.771	15	0.425
0.732 ～ 0.755	16	0.411
0.710 ～ 0.731	17	0.399
0.690 ～ 0.709	18	0.383
0.671 ～ 0.689	19	0.377
0.654 ～ 0.670	20	0.368
0.585 ～ 0.653	25	0.329
0.534 ～ 0.584	30	0.300
0.495 ～ 0.533	35	0,278
0.463 ～ 0.494	40	0.260
0.436 ～ 0.462	45	0.245
0.414 ～ 0.435	50	0.233

【引用・参考文献】

1） JIS Z 0111：2006「物流用語」
2） JIS Z 8002：2006「標準化及び関連活動――一般的な用語」
3） JIS Z 8103：2019「計測用語」
4） JIS Z 8141：2001「生産管理用語」
5） JIS Q 9000：2015「品質マネジメントシステム―基本及び用語」
6） JIS Z 9002：1956「計数規準型一回抜取検査(不良個数の場合）（抜取検査 その2）」
7） JIS Z 9003：1979「計量規準型一回抜取検査 (標準偏差既知でロットの平均値を保証する場合及び標準偏差既知でロットの不良率を保証する場合)」
8） JIS Q 9005：2014「品質マネジメントシステム―持続的成功の指針」
9） JIS Z 9020-1：2016「管理図―第 1 部：一般指針」
10） JIS Z 9020-2：2016「管理図－第2部：シューハート管理図」
11） JIS Q 9023：2018「マネジメントシステムのパフォーマンス改善―方針管理の指針」
12） JIS Q 9024：2003「マネジメントシステムのパフォーマンス改善―継続的改善の手順及び技法の指針」
13） JIS Q 9025：2003「マネジメントシステムのパフォーマンス改善―品質機能展開の指針」
14） JIS Q 9026：2016「マネジメントシステムのパフォーマンス改善―日常管理の指針」
15） JIS Q 10002：2019「品質マネジメント―顧客満足―組織における苦情対応のための指針」
16） JIS Z 26000：2012「社会的責任に関する手引」
17） JSQC-Std 00-001：2018「品質管理用語」
18） JSQC-Std 21-001：2015「プロセス保証の指針」
19）「品質管理セミナー・入門コース・テキスト」，日本科学技術連盟，2020 年
20）「品質管理セミナー・ベーシックコース・テキスト」，日本科学技術連盟，2019 年
21） 神田範明：「ヒット商品を生むＴＱＭ的システマティック・ツールーＰ７(商品企画七つ道具)とは」，『品質』，Vol.32，No.4，2002 年

22） 竹士伊知郎：『学びたい 知っておきたい 統計的方法』，日科技連出版社，2018 年
23） 吉澤正編：『クォリティマネジメント用語辞典』，日本規格協会，2004 年
24） 猪原正守：『管理者・スタッフから QC サークルまでの問題解決に役立つ 新 QC 七つ道具 入門』，日科技連出版社，2009 年
25） 猪原正守：『新 QC 七つ道具の基本と活用』，日科技連出版社，2011 年
26） 猪原正守：『新 QC 七つ道具』(JSQC 選書)，日本規格協会，2016 年
27） 水野滋監修，QC 手法開発部会編：『管理者・スタッフの新 QC 七つ道具』，日科技連出版社，1979 年
28） 細谷克也編著：『【新レベル表対応版】 QC 検定受検テキスト 2 級』(品質管理検定集中講座 [2])，日科技連出版社，2015 年
29） 森口繁一，日科技連数値表委員会編：『新編 日科技連数値表―第 2 版―』，日科技連出版社，2009 年
30） 永田靖：『入門 統計解析法』，日科技連出版社，1992 年
31） 日本品質管理学会編：『新版 品質保証ガイドブック』，日科技連出版社，2009 年
32） 日本品質管理学会監修，日本品質管理学会 標準委員会編：『日本の品質を論ずるための品質管理用語 85』，日本規格協会，2009 年
33） 日本品質管理学会監修，日本品質管理学会 標準委員会編：『日本の品質を論ずるための品質管理用語 Part 2』，日本規格協会，2011 年
34） 細谷克也，村川賢司：『実践力・現場力を高める QC 用語集』，日科技連出版社，2015 年
35） QC サークル本部編：『QC サークル活動運営の基本』，日本科学技術連盟，1997 年
36） 細谷克也：『図説・TQM』(品質月間テキスト No.290)，品質月間委員会，1999 年
37） 日本品質管理学会ホームページ：「日本品質管理学会会員の倫理的行動のための指針」
https：//www.jsqc.org/ja/nyuukai/shishin.html (2020 年 3 月 30 日閲覧)
38） 日本科学技術連盟ウェブサイト：「商品企画の支援ツール－商品企画七つ道具－」
https：//www.juse.or.jp/departmental/point02/10.html(2020 年 3 月 10 日閲覧)
39） 細谷克也編著，西野武彦，新倉健一著：『TQM 実践ノウハウ集　第 3 編』，日科技連出版社，2017 年

索　引

【英数字】

【あ　行】

【さ　行】

【ま　行】

【や　行】

【ら　行】

【わ　行】

速効！　QC検定 編集委員会　委員・執筆メンバー（五十音順）

編著者　細谷　克也　（㈲品質管理総合研究所　所長）

著　者　稲葉　太一　（神戸大学大学院　准教授）

竹士伊知郎　（QMビューローちくし　代表）

西　　敏明　（岡山商科大学　教授）

吉田　　節　（IDEC㈱）

和田　法明　（三和テクノ㈱　顧問）

■直前対策シリーズ

速効！ QC検定 2級

2020年7月26日　第1刷発行

編著者　細谷　克也

著　者　稲葉　太一　竹士伊知郎
　　　　西　　敏明　吉田　　節
　　　　和田　法明

発行人　戸羽　節文

発行所　株式会社 日科技連出版社

〒151-0051　東京都渋谷区千駄ヶ谷5-15-5
DSビル

電　話　出版　03-5379-1244
　　　　営業　03-5379-1238

検　印
省　略

Printed in Japan

印刷・製本　河北印刷株式会社

ISBN 978-4-8171-9714-6

URL https://www.juse-p.co.jp/

日科技連出版社の書籍案内

QC 検定　問題集・テキストシリーズ

品質管理検定集中講座(全 4 巻)

【新レベル表対応版】QC 検定受検テキスト 1 級

【新レベル表対応版】QC 検定受検テキスト 2 級

【新レベル表対応版】QC 検定受検テキスト 3 級

【新レベル表対応版】QC 検定受検テキスト 4 級

品質管理検定講座(全 4 巻)

【新レベル表対応版】QC 検定 1 級模擬問題集

【新レベル表対応版】QC 検定 2 級模擬問題集

【新レベル表対応版】QC 検定 3 級模擬問題集

【新レベル表対応版】QC 検定 4 級模擬問題集

品質管理検定試験受検対策シリーズ(全 4 巻)

【新レベル表対応版】QC 検定 1 級対応問題・解説集

【新レベル表対応版】QC 検定 2 級対応問題・解説集

【新レベル表対応版】QC 検定 3 級対応問題・解説集

【新レベル表対応版】QC 検定 4 級対応問題・解説集

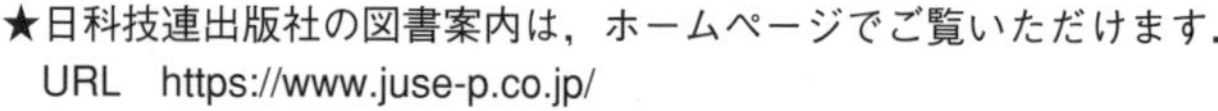
★日科技連出版社の図書案内は，ホームページでご覧いただけます．
URL　https://www.juse-p.co.jp/

日科技連出版社の書籍案内

◆超簡単！　Excel で QC 七つ道具・新 QC 七つ道具　作図システム　Excel 2013/2016/2019 対応

細谷克也［編著］
千葉喜一・辻井五郎・西野武彦［著］
A5 判，160 頁，CD-ROM 付

本作図システムの機能と特長

① 問題・課題解決活動などにおいて，QC 七つ道具・新 QC 七つ道具が**簡単に，短時間で**作成できる．
② **数値データ**はもちろんのこと，**言語データ**の解析も Excel を使って作図できる．
③ Excel に詳しくなくても，画面の操作手順に従って**ボタンをクリック**すれば，QC 七つ道具・新 QC 七つ道具が簡単に作図できる．
④ 図の**背景色，線の太さ，フォント**など好みに応じて調整できる．
⑤ アウトプットの**事例を豊富**にそろえているので，図の完成イメージが簡単にわかる．
⑥ グラフ，管理図やマトリックス図などでは，数種類のメニューのなかから**必要な図を簡単に選択**できる．
⑦ パレート図や散布図などでは，出力結果に対して**「考察」が自動的に表示**され，修正・追記が可能である．
⑧ **ヘルプボタン**をクリックすることにより，ソフトの使い方が容易にわかる．
⑨ **見栄えのよい，わかりやすい**レポートの作成に有効である．
⑩ 一般の**プレゼンテーション資料**の作成にも使える．

★日科技連出版社の図書案内は，ホームページでご覧いただけます．
URL　https://www.juse-p.co.jp/

日科技連出版社の書籍案内

◆超簡単！ Excel で統計解析システム(下) 実験計画法編

細谷克也[編著]
千葉喜一・辻井五郎・西野武彦[著]
A5 判，248 頁，CD-ROM 付

本統計解析システムの機能と特長

① 問題・課題解決活動などにおいて，**初心者**でも分散分析や重回帰分析が簡単にできる．

② “**解析条件**” と “**データ**” を入力するだけで，検定・推定の結果がでてくる．

③ Excel の機能を知らなくても，データを入力するだけで，**すぐに計算結果**が得られる．

④ **有意差判定**まで行い，分散分析表に＊印(5％有意)＊＊印(1％有意)などの結論が明示される．

⑤ 計算補助表や推定の**公式と途中計算**を出力してくれるので，分散分析や回帰分析などがどのようにして計算されたのか，また，点推定・区間推定のプロセスなどがわかる．

⑥ 母平均の差の推定やデータの予測では，**推定したい因子や水準**を自由に指定でき，その都度の推定結果が残せる．

⑦ 分散分析では，F_0 の値を見て，プールしたい要因をクリックすれば，**プールした分散分析表**が出力される．

⑧ データ因子ごとに**折れ線グラフや散布図**で出力してくれるので，主効果や交互作用効果の有無，相関関係などの様子を見ることができる．

⑨ 分散分析，直交表実験，乱塊法，分割法，重回帰分析など，**16 の手法**が収録されている．

⑩ **見栄えよくわかりやすい**レポートやプレゼン資料が作成できる．

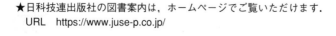